国家社科基金后期资助项目14FSH006

国家、市场与社会关系视野下的食品安全治理

——日本生协经验与中国模式研究

韩 丹／著

U0312508

吉林大学出版社

·长春·

图书在版编目（CIP）数据

国家、市场与社会关系视野下的食品安全治理：日本生协经验与中国模式研究 / 韩丹著. -- 长春：吉林大学出版社，2022.9

ISBN 978-7-5768-0912-1

Ⅰ.①国… Ⅱ.①韩… Ⅲ.①食品安全—安全管理—经验—日本②食品安全—安全管理—管理模式—研究—中国 Ⅳ.①TS201.6

中国版本图书馆CIP数据核字(2022)第197500号

书　　名：国家、市场与社会关系视野下的食品安全治理
　　　　　——日本生协经验与中国模式研究
GUOJIA、SHICHANG YU SHEHUI GUANXI SHIYE XIA DE SHIPIN ANQUAN ZHILI
——RIBEN SHENGXIE JINGYAN YU ZHONGGUO MOSHI YANJIU

作　　者：韩　丹　著
策划编辑：宋睿文
责任编辑：宋睿文
责任校对：马宁徽
装帧设计：刘　瑜
出版发行：吉林大学出版社
社　　址：长春市人民大街4059号
邮政编码：130021
发行电话：0431-89580028/29/21
网　　址：http://www.jlup.com.cn
电子邮箱：jldxcbs@sina.com
印　　刷：天津和萱印刷有限公司
开　　本：787mm×1092mm　　1/16
印　　张：12.75
字　　数：240千字
版　　次：2023年3月　第1版
印　　次：2023年3月　第1次
书　　号：ISBN 978-7-5768-0912-1
定　　价：68.00元

国家社科基金后期资助项目
出版说明

后期资助项目是国家社科基金设立的一类重要项目，旨在鼓励广大社科研究者潜心治学，支持基础研究多出优秀成果。它是经过严格评审，从接近完成的科研成果中遴选立项的。为扩大后期资助项目的影响，更好地推动学术发展，促进成果转化，全国哲学社会科学工作办公室按照"统一设计、统一标识、统一版式、形成系列"的总体要求，组织出版国家社科基金后期资助项目成果。

全国哲学社会科学工作办公室

目　录

第1章 绪论

1.1 问题的提出

新世纪以降，尤其是2004年阜阳假奶粉事件和2008年三鹿奶粉事件之后，相继成为中国食品安全监管和民众食品安全意识提升的重要契机和重要分界点。2004年4月，安徽省阜阳市的一个涉及劣质婴儿奶粉的丑闻，使中国的食品安全监管制度备受国际关注。在中央电视台4月19日披露的节目里，因为吃了假冒以及质量不合格的奶粉，至少12名婴儿死亡和上百名婴儿营养不良，主要表现为大头和小身躯的症状，称为"大头婴儿"。中央电视台报道后的第二天，温家宝总理迅速派出了特别调查小组到阜阳调查此事，这个地方性事件迅速升级为全国性丑闻[①]。2008年9月，甘肃、江苏、山东、陕西、江西、湖南、湖北等多家医院披露：多名1岁左右的婴儿患上双肾多发性结石、输尿管结石等婴儿罕见病症。经相关部门调查，导致这些婴幼儿患病的主要原因是患儿服用的三鹿牌婴幼儿奶粉中含有三聚氰胺，其是为增加奶粉的蛋白检测含量而人为加入的。根据卫生部的通报，截至2008年11月27日8时，全国累计报告因食用三鹿牌奶粉和其他个别问题奶粉导致泌尿系统出现异常的患儿多达29.4万人，其中6人不排除因饮用问题奶粉死亡，有861名患儿留医，154名为重症患儿。[②]食用三鹿奶粉的婴幼儿多数来自农村，患病后使原本贫穷的家庭陷入困境。"三鹿奶粉事件"可谓是中国食品安全监管历史上划时代的标志性事件，成为民众能够感知到的切肤之"痛"。从此，食品安全问题成为政府、市场、社会等多主体相互监督且相互协同合作才能解决的综合性困境。我国的卫生部（今卫计委）每年都通过突发公共卫生事件网络直报系统统计全国上报的食物中毒事件，并向社会通告每年度的全国食物中毒事件情况。但是，卫生部（今卫计委）只是统计了已产生较为严重后果或较大社会影响而且地方政府上报了的事件。事实上，

---

① 国务院应急管理办公室. 安徽阜阳劣质奶粉事件［EB/OL］.（2011-07-01）［2005-07-01］. http://www.gov.cn/yjgl/2005-08/09/content_21396.html.

② 民主与法制. 三鹿奶粉受害者的赔偿之路［EB/OL］.（2019-11-15）［2019-11-15］. http://www.mzyfz.com/html/1417/2019-11-15/content_1410565.html.

企业在食品安全领域的违法违规行为发生得更为普遍。特别是新冠肺炎疫情等突发公共卫生事件发生之后，食品安全成为抗疫体系的关键性指标之一。疫情期间，各地政府、餐饮行业先后提出"公筷""公勺""分餐"等做法，如提倡合餐顾客做到"一菜一公筷、一汤一公勺"或者"一人一公筷、一人一公勺"，有条件的餐厅要积极推广分餐制等，在网上引起了网友们的共鸣和热烈讨论。中国工程院院士，国家食品安全风险评估中心研究员、总顾问陈君石认为，这说明我国公众的卫生安全意识在逐渐提升。不少饭店推行的小程序点单、无接触外卖等新方式受到了消费者的欢迎。这次疫情也是一次全民性的"科普教育"。全国公众提高了对食品安全的认识，基于这样的认识，公众的行为就会有所改变[①]。在食品的生产和消费方面，我国现在已经是世界第一大国。从近些年来食品安全事故的频繁发生可以看出，我国食品生产加工以及销售行业缺乏基本的行业自律。商品生产者和经营者在追逐自身利益最大化的同时，有可能通过生产不安全的食品给社会带来广泛的负面影响，引起市场竞争秩序的混乱。换句话说，单纯依靠市场的竞争机制已经无法解决我国食品安全问题。

在这种情况下，人们想当然地把目光转向了政府。实际上，这也是我国当前食品安全监管的一大特点，即在食品安全问题上，基本上是由政府全权来处理，政府主导色彩一直都比较浓厚。不可否认，确保民众的食品安全首先是政府工作的题中应有之义，是政府不容推卸的责任。就政府对食品安全问题的监管来看，当今世界各国大致形成了食品安全的两种主要管理模式，其一是以美国为代表的多部门共同负责的模式，其二是以欧盟和加拿大为代表的由一个独立部门进行统一管理的模式。[②]

传统上，食品安全监管在性质上属于行政执法的范畴。我国政府对食品安全的监管基本可划归为多部门联合监管模式，具体操作上，是通过将食品安全的监管划分为若干个环节，由一个部门负责一个环节，采用分段监管为主、品种监管为辅的方式，并按照责权一致的原则，建立食品安全监管责任制和责任追究制，以此来明确各个部门的监管职能和责任。我国农产品市场准入管理机构包括农业部（今农业农村部）、卫生部（今卫计委）、商务部、国家质量监督检验检疫总局（今国家市场监督管理总局）、国家食品药品监督管理局（今国家食品药品监督管理总局）、国家环境保护总局、国家工商行政管理总局（今国家市场监督管理总局）等。

---

① 王城、刘潇潇、项佳丽. 陈君石院士解读"新冠肺炎与食品安全"[EB/OL]. (2020-06-01) [2020-06-01]. http://www.fx361.com/page/2020/0601/6716435.shtml

② 秦富等. 欧美食品安全体系研究[M]. 北京: 中国农业出版社, 2003: 7.

　　不过，虽然同为多部门联合监管模式，我国食品安全治理与美国之间却存在着非常大的距离。关于美国食品安全监管和我国食品安全监管的状况我们在行文中进一步展开，在这里，仅就我国食品安全监管所普遍存在的几个问题事先提出来。传统上的这种分段监管方法貌似权责明确，分工细密，但实则存在诸多问题。首先，众多的监管部门各自为政，各自制定和实施独立的标准，相互之间缺乏协调和沟通。这一方面表现在，我国的农业部（今农业农村部）、卫生部（今卫计委）、国家质检总局（今国家市场监督管理总局）等多家机构都先后制定了多项法规和标准，试图加强食品安全的监管力度，但是事与愿违，这反而导致了食品安全监管的法律规章过于繁多，生产者和消费者往往难以适从。另一方面，各个部门之间也缺乏有效的沟通和协调，政府部门内部资源缺乏整合。其次，虽然我国各地均成立有相关的监管机构，但是却没有统一的专职机构，而是多部门职能交叉、多头管理。这种多部门分头分段监管的模式，使得各个部门之间在行政职能上存在着相互交叉和重叠的问题，经常会产生推诿扯皮的现象，导致食品安全监管的缺位与错位、职责不清，很难形成有效的监管。再次，这种多部门联合监管也导致了行政支出过大，执法成本过高。最后，我国长期以来依靠的一般行政人员对食品安全加以监管，缺乏训练有素的专业化的监察员和检测员，以有效地对食品安全加以检验检测和评估。

　　针对上述情况，2010年2月9日，我国正式成立国务院食品安全委员会，由中央政治局常委、国务院副总理李克强担任主任。该委员会共有15个政府部门参加。其主要职责是："分析食品安全形势，研究部署、统筹指导食品安全工作；提出食品安全监管的重大政策措施；督促落实食品安全监管责任"①。特别是在党的十八大以来，将食品安全工作置于"五位一体"总体布局和"四个全面"战略之中，从法规和监督管理等方面全面建构食品安全治理体系。但是，我国当前的食品安全工作仍然具有多重复杂性的特点。"微生物和重金属污染、农药兽药残留超标、添加剂适用不规范、制假售假等问题时有发生，环境污染对食品安全的影响逐渐显现；违法成本低、维权成本高、法制不够健全，一些生产经营者唯利是图、主体责任意识不强；新业态、新资源潜在风险增多，国际贸易带来的食品安全问题加深；食品安全标准与最严标准要求尚有一定差距，风险监测评估预警等基础工作薄弱，基层监管力量和技术手段跟不上；一些地方对食品安全重视不够，责任落实不

---

① 中国日报网. 国务院设立食品安全委员会［EB/OL］.（2010-02-10）［2010-02-10］. http://www. chinadaily. com. cn/dfpd/2010-02/10/content_9453583.html.

到位，安全与发展的矛盾仍然突出"。

从某种程度上来说，中国近年来频繁发生的食品安全现象，是公共管理不足、法律约束力减弱、政府监管不力、民众知情权缺失等多种因素综合作用的结果。由于我国食品安全立法存在着某种程度上的滞后，政府多部门监管模式所存在的上述种种问题，使我国食品安全监管存在着很大的漏洞。其次，食品生产、加工、销售市场上广泛存在着的以假冒伪劣产品来欺骗消费者的行为也屡禁不止。上述的三鹿奶粉事件很是说明问题。可见，我国市场上的从业者的素质达到了令人担忧的地步。我们不得不看到的是，广大的民众在与自己的日常生活，乃至生命健康息息相关的食品安全问题上，不仅缺乏足够的知情权，更缺乏有效的利益表达机制，缺乏足够的力量去与市场上存在着的不规范行为进行斗争以及对政府的执法行为加以监督。

鉴于食品监管方面存在的问题，如何建立一个有效的食品监管体系已成为当前亟须认真对待的问题。中国当前的食品安全监管情况促使我们开始去反思，是否可以去探索与当前食品治理经验不同的治理途径？或者，其他发达国家的成功经验是否具有借鉴的价值和效仿的意义呢？从上文所介绍的情况来看，我国在食品安全监管问题上，一旦出现了市场失灵的情况，基本上主要是依赖或者说完全依靠政府来实施监管。中国食品安全监管方面的种种现象和问题促使我们去思考，是否可以在当前政府监管的主导模式下，探索另一条可行的路径？

本书试图通过对发达国家和地区的食品安全监管体系及其治理经验的研究，尝试为切实地解决我国食品安全问题提供某种可资借鉴的经验。当然，各国国情不同，我们并不能通过将他国的经验直接拿来就用（这也是本书所批判的一种思维方式）。借鉴他国经验的最终目的，仍然是要摸索出一个适合我国国情的、可靠的食品安全监管模式。因此，在这种情况下，我们对发达国家和地区食品安全治理经验的研究就不能仅仅只着眼于一两项法律措施、政府机构设置或者技术检测手段，而要看到发达国家食品安全治理的成功经验的内在机制是什么。

实际上，稍加留意，我们便会注意到我国新成立的食品安全监管委员会在制度设计上其实是借鉴于日本。日本食品安全问题虽然也有发生，但该国却已经成为世界上食品最为安全、最为令人放心、食品安全保障体系最完善、监管措施最严厉的国家之一。尤其是在对进口农产品和食品的检验检疫

① 吉林省农业农村厅农产品质量安全监管处. 中共中央国务院关于深化改革加强食品安全工作的意见[J]. 吉林农业. 2019（13）.

方面，日本不但要求严格，而且手续烦琐。在日本，所有进口的动植物农产品及其加工食品，首先要通过农林水产省管辖的动物检疫所或植物检疫所的检疫，然后还要接受厚生劳动省管辖的食品检疫所的检查。这些经验无疑值得毗邻的中国学习和借鉴。中国与日本同属东亚国家，虽然两国发展经历各有不同但在文化背景和经济传统等方面有着若干共同点，尤其是在发展的道路上都曾强烈地受到西方发达国家的吸引，希望从西方文明中探索本国的发展之路。但中日两国又都探索了具有自我特色的发展道路。这意味着，针对在食品安全治理领域的经验与模式，中国与日本可以进行交流与对话。

问题在于，我们从邻国日本那里到底需要借鉴的是什么呢？或者说，日本食品安全治理的成功经验究竟体现在哪里呢？

通常，从我们自身的经验出发，我们习惯于去观察日本政府是如何对食品安全问题加以监管的。我们自然而然地、不假思索地就认为，难道食品安全监管的成功不就是依赖于政府机构设置的科学合理，监管力度上的严厉，或者立法手段的先进，检验评估技术的先进吗？简言之，食品安全治理的成功不就是完全依赖于政府吗？这也是我们当前解决食品安全问题所把持的一种自然而然、不容置疑的出发点和思考范畴。在实践上，我国政府所采取的措施，如我国的食品安全委员会制度，就是借鉴了日本的食品安全委员会制度。但是，问题却没有那么简单。我们不妨先来看看日本政府在食品安全监管上的情况。

在传统上，日本食品安全监管的机构设置，也属于多部门的分段监管模式。不过，较之于我国的众多监管机构，日本的监管机构尚算少的。日本原本负责对食品安全进行监管的机构主要是厚生劳动省和农林水产省。尽管日本的法律对各监管部门做了明确的职责规定，但在实际操作中，也存在着相互之间缺乏总体协调，在管辖权限上容易发生重叠或职能不清的问题。在这种情况下，日本政府对传统的食品安全监管模式加以改革。日本政府根据《食品安全基本法》的相关规定，于2003年7月，正式成立直属内阁的食品安全委员会，它由首相亲自任命的7名食品安全方面的权威人士组成，其职能包括实施食品安全检查和风险评估、对厚生劳动省和农林水产省等部门进行协调与监督，以及以委员会为核心，建立由政府、消费者、生产者等广泛参与的风险信息沟通与公开机制，对风险信息实行综合管理。2009年，日本又成立了"消费者厅"，直属于日本内阁政府，进一步加强对食品安全的监管工作。

不可否认，日本通过厚生劳动省和农林水产省在全国的各县、市广泛设置的食品质量监测、鉴定和评估的检测机构，以及政府委托的市场准入和市场监督检验，建立了一个相对完善的食品安全检测监督体系。但是，我们不禁要问：这就是日本食品安全监管的成功之所在吗？为什么，同为多部门监管，我们与日本的食品安全监管仍然存在着相当大的距离？日本政府的各个食品安全监管部门本身又是如何自我监督，各自明确责任的？从日本所设立的这两个直属机构来说，从政府监管角度来看，它并不是完美无缺的，甚至或许并不是没有问题的，否则，也不会频频设立新的食品安全监管机构了。

我们所发现的是，除了政府有着严格的监管制度和执行举措，日本的食品安全监管体系还有其非常特殊的一方面。日本社会存在着各式各样的、大大小小的所谓"生活协同组合"。它们在食品安全监管方面扮演着举足轻重的角色。在食品安全监管体系上，正是这一组织凸显出日本较之于我国所具有的独特性的一面。从便民生活的共同购买活动、开发安全食品、消费教育和消费指导，到通过开展社会运动抵制市场上的不正当竞争，再到组织直接请愿活动、选举政治代理人，参与地方议会选举，影响国家在食品安全问题上的政策立法，日本的各种"生活协同组合"扎根于普通民众的日常生活，覆盖了民众生活的各个方面，成为颇具影响力的一支社会力量，它是日本民众自我组织、自我照料、维护自身利益的集中体现。

因此，在考察日本食品安全治理的成功经验时，我们根本无法忽视或回避这种民众自发成立和自愿加入的"生活协同组合"所扮演的角色。事实上，日本并非唯一的案例。在世界上其他市场经济发达的国家里，食品行业里的社会中间组织通常都比较发达。这些组织往往通过创造产品质量标准、协调食品质量安全行为、促进特定行业产品质量声誉的形成等方式来实施对食品质量安全的监控，从而在食品安全治理领域里充当了政府和市场的重要的沟通桥梁，是弥补政府功能和监督市场运行的重要力量。因此，从这个意义上而言，借鉴发达国家食品行业中社会组织的发展历程及其特征，在中国食品行业中类似组织的发展还处于初级阶段、亟须实现跨越式的背景下，增促中国类似组织的发展和食品安全水平的提高，具有重要的现实意义。

在本书的研究中，我们将选择以日本的"生活协同组合"这一组织为切入点，从公民社会的角度来考察日本在食品安全监管上的经验及其对中国的借鉴意义。我们尤其关注的是如何通过分析日本生活协同组合的各种活动，深入剖析发达国家食品安全治理背后的动力机制之所在。本书要论证的是，日本生协所开展的一系列活动在促进日本公民社会的发展方面有着突出的贡献，而最重要的贡献在于，它在食品安全治理领域促成了公民社会与国家和市场之间的某种良性制衡关系，日本食品安全治理的成功经验恰恰是这种良性制衡关系的形成。对于中国来说，从改革开放至今的食品安全治理模式经历了政府监管向社会协同共治模式的转型。而21世纪以来萌生的社会协调共治模式，其与日本这种将公民社会作为食品安全治理的重要力量的经验，具有相当的契合之处。基于此，我们将讨论以社会组织为代表的公民社会的发育何以能够成为我国探索中国的食品安全治理乃至一般的社会治理的另一条可能途径。

1.2　文献综述与核心概念的界定

如何促使我国形成一个相对完善且有效的食品安全监管体系，不仅是政府有关部门当前所思考的问题，也是学术界和政策界在探索的问题。我国的食品安全问题虽然早已存在，但学术界对此的关注和研究却从21世纪以来才逐渐兴起。发展到今天的食品安全问题，显然已跨越了传统的食品卫生或食品污染范畴，而成为人类赖以生存和健康发展的整个食物链的管理与保护问题。也正因为食品安全问题究其实质首先是一个有关管理和保护的问题，所以食品安全研究多集中在法学和管理学领域。而由于食品安全同时也是一个经济问题，因此经济学也有一定的研究。学界在该领域的研究，包括关于食品安全问题的认识和界定、导致食品安全问题的原因及其过程、解决食品安全问题的思路方法及其对策等多个方面。鉴于本书集中于探索食品安全的特殊治理模式及其社会学意涵，因此，这里对以往研究的评述也集中在食品质量和安全的治理方面，只少量兼顾其他方面。我们在这里仅仅是为了提出本书的研究路径对当前的研究做一概括性的了解。我们在第五章分析中国食品安全治理的现状和学者们的政策建议时，还会回到这一问题上，借助于我们从第二章到第四章的讨论，重新看待我们当前的研究视角及其所存在的问题。

法学的食品安全研究多是关注食品安全的立法和监管体系问题。这方面研究的潜在的共同出发点是，认为食品安全问题之所以出现是由于市场失灵所导致的，因此政府必须通过干预来弥补市场失灵，而政府的干预主要是依靠国家强制力保障实施、以法律规制形式得以表现出来。所以，法学研究基本上将其关注点集中于有关食品安全的法律法规体系及其完善的问题上。比如，张涛从经济法的视角，对食品安全法律规制的生成机理和表现形式进行了系统深入的研究，在全面考察中外食品安全法律制度的基础上，提出了构建我国的食品安全法律规制体系的理论设计和具体建议。[①]陈兴乐分析了阜

---

① 张涛. 食品安全法律规制研究 [M]. 厦门: 厦门大学出版社, 2006.

阳奶粉事件，并借此提出了我国食品安全监管体制与机制创新的思路。[①]杨天和等分析了政府在食品安全问题相关法规政策和食品安全标准的制定、食品安全生产环境的建设、食品安全技术的科研与开发、食品市场监督和管理方面政府的调控与市场调节作用。[②]有学者通过借鉴美国和澳大利亚等国家的经验，建议从完善食品召回法规、规范食品召回程序、建立食品溯源制度等方面建构中国的食品召回体系。[③]

管理学的研究多侧重于政府角色的作用，探讨食品安全治理过程中的政府职能及其机制。针对食品领域的市场失灵，政府实际上是大有作为。譬如，政府可以通过发放各类生产许可证、发布行政法规政策、实施处罚和奖励等举措，来弥补市场机制的不足。国内绝大多数的管理学研究将其重点放在探讨政府监管对纠正市场失灵的重要性问题上。有研究者便从突出政府对食品安全管理的组织协调和领导作用、建立食品安全管理监管体系、加快食品安全监管信息化体系、建立和完善食品安全应急管理体系、健全和规范相关法律、法规及标准体系、建立和完善食品安全管理监督评估体系、建立食品安全监管信用体系、建立食品安全监管教育宣传体系、构建行业协会等中介机构以及研究机构的食品安全推动体系等方面入手，深入地论证了推进食品安全监管是政府责无旁贷的主要职责之一。[④]也有研究围绕着政府规制与农户生产行为二者关系，运用基本经济学理论及环境经济学、制度经济学、信息经济学等相关原理，采用宏观与微观、规范研究与实证研究、定性分析与定量分析相结合的方法，揭示了政府规制对产品质量和农户生产行为都具有重要而积极的影响。[⑤]

虽然政府成为食品安全供给主体具有某种意义上的必然性，但现实中的政府角色却并没有达到人们所希冀的功能。改革开放以来，政府控制形式发生了变化，国家计划让位于市场力量。在新形势下，食品安全问题越来越成为全社会成员普遍关注的问题。与公众对安全的高期望值相比，目前政府的食品监管体系还不能提供有效的"供给"。有学者便认为，社会转型期我国发生的群体性和社会性的食品安全问题，是由于市场机制的缺陷和制度的不完善所带来的，而地方保护主义盛行、政府规制失灵则加剧了这一问题的严

① 陈兴乐. 从阜阳奶粉事件分析我国食品安全监管体制[J]. 中国公共卫生，2004(10).

② 杨天和，褚保金. 食品安全管理研究[J]. 食品科学，2004(9).

③ Fsanz. Food Industry Recall Protocol[M]. Food Standards Australia New Zealand，2002；魏益民等. 澳大利亚、新西兰食品召回体系及其借鉴[J]. 中国食物与营养，2005(4).

④ 臧立新. 我国食品安全监管问题及其对策研究[D]. 长春：吉林大学博士论文，2009.

⑤ 周峰. 基于食品安全的政府规制与农户生产行为研究[D]. 南京：南京工业大学博士论文，2008.

重程度。[①]有研究者便以历史分析的方法，纵向地回顾看建国以来我国食品安全监管体制的演变和发展，在食品安全监管体制基本构成要素的分析框架内，分别从机构设置、权力配置、职能分配、运行机制四个方面系统的剖析现行食品安全监管体制存在的弊端及其原因。[②]

周德翼等人从食品安全管理的信息不对称视角探讨了政府监管机制的问题。他们指出，政府的宏观管理是食品安全控制过程的关键所在，政府可以通过认证、标识、市场准入和检测等信息显示方法来揭示质量安全信息，减少信息不对称和提供行为激励。[③]徐晓新也从管理的角度分析了包括完善食品安全标准、建立食品安全管理机构、发挥中介组织作用、促进消费者参与等方面的对策和举措。[④]张云华等人基于晋、陕、鲁三省的农户调查和计量分析，提出政府应该通过有效的政策机制设计和制度变革来促进农户对无公害和绿色农业技术的采用。[⑤]周学荣认为食品安全的支付管制是政府社会性管制的重要内容，商家和消费者之间的信息不对称而造成的市场失灵、高昂的交易成本和商家的缺德行为，是需要实施政府管制的理由。[⑥]谢敏等通过分析食品安全问题中凸显的市场失效现象，提出应有重点地加强各个环节的监督，而食品监督的成本理应部分地由消费者和厂家共同承担。[⑦]

也有学者从新制度经济学的分析方法出发，探讨了尽可能消除信息的不对称性、如何实现产权的充分界定问题，并探索了如何建立有效的政府规制综合体系，强化外部资源的作用，对负内部性进行多方规制，切断成本外溢渠道，实现政府规制成本最小化等完善我国食品安全社会性规制的举措。[⑧]索珊珊研究了政府在食品安全预警以及危机应对过程中的角色扮演问题，提出政府应通过在社会生活领域健全信誉体系，在市场监控过程中充当"信息桥"，建立快速应对机制，部分消除信息不对称因素对食品安全造成的负面影响，为普通消费者提供一个可信任的信息平台，构建一个安全的食品市场。[⑨]袁玉伟等认为食品标识制度是控制食品安全，实现安全消费、消费知

① 林闽钢等. 中国转型期食品安全问题的政府规制研究 [J]. 中国行政管理, 2008 (10).

② 焦丽敏. 我国食品安全监管体制的困境与出路研究 [D]. 西安: 西北大学硕士论文, 2008.

③ 周德翼, 杨海娟. 食品质量安全管理中的信息不对称与政府监管机制 [J]. 中国农村经济, 2002 (6).

④ 徐晓新. 中国食品安全: 问题、成因、对策 [J]. 农业经济问题, 2002 (10).

⑤ 张云华, 马九杰, 孔祥智等. 农户采用无公害和绿色农药行为的影响因素分析——对山西、陕西和山东15县市的实证分析 [J]. 中国农村经济, 2004 (1).

⑥ 周学荣. 浅析食品卫生安全的政府管制 [J]. 湖北大学学报 (社会科学版), 2004 (5).

⑦ 谢敏, 于永达. 我国食品安全共同管理的市场基础分析 [J]. 科技进步与对策, 2003 (12).

⑧ 程启智等. 食品安全卫生社会性规制变迁的特征分析 [J]. 山西财经大学学报, 2004 (6).

⑨ 索珊珊. 食品安全与政府 "信息桥" 角色的扮演 [J]. 南京社会科学, 2004 (11).

情权和决定权的重要保证。[1]左京生探讨了在流通环节实施目录准入制度对提高食品安全控制力的作用。[2]赵林度在功能食品市场环境分析的基础上，从增强食品可追溯性和筑造信用体系的视角，分析了功能食品安全营销控制策略。[3]梁小萌从对外贸易角度讨论了食品安全中政府规制的重要性。[4]

从历史和现实的角度来看，我国食品安全监管工作中出现了许多新情况、新问题，原有的社会主义计划经济背景下产生的《食品卫生法》等与食品安全相关的法律法规及现行的食品安全监管体制，已显得越来越难以适应新时期食品业发展及人民群众对食品安全的需求。对此，一些学者从市场之于解决公共物品、外部性和信息不对称方面的失效视角探讨了政府已形成的一些措施未能有效地解决食品质量安全问题的原因，并在此基础上提出他们各自的对策建议。这些具有一定共识的对策建议主要可以概括为，从食品产业链整体出发，建立一个涉及农业和食品部门的全国统一机构，促进食品质量信号的有效传递，确保食品安全；主张食品质量安全管理法制化；建议实施产地标识制度、实行追溯与承诺制度，完善食品质量安全的各种保障体系，等等。[5]

在经济学看来，食品不安全问题的发生是市场失灵的产物，因而发生在食品安全领域中的市场失灵问题也可以依靠市场机制本身得到部分地解决。从某种程度上来说，安全食品的生产者和经营者为了将其自己与其他不安全食品的生产者和经营者区分开来，以期让消费者比较容易识别清楚，并借此保证自身的经济利益、市场份额和市场竞争优势，他们倾向于通过品牌、广告、质量承诺和售后服务等多种途径来向消费者传递其质量可靠的信息，借此以获得消费者的信任。这能大大减少消费者的搜寻成本，并由此缓解生产者、经营者和消费者之间由于信息不对称所带来的诸多问题。有经济学家也

① 袁玉伟等.食品标识制度与食品安全控制[J].食品科技, 2004(7).

② 左京生.实行目录准入制度提高食品安全控制力[J].中国工商管理研究, 2005(8).

③ 赵林度.功能食品安全营销控制策略研究[J].食品科学, 2005(9).

④ 梁小萌.对外贸易中的视频安全问题及政府规制[J].探索, 2003(6).

⑤ 于冷.国内外农工业标准化发展概况[J].中国标准化, 2000(3);张吉国等.我国农产品质量管理的标准化问题研究[J].农业现代化, 2002(5);刘俊华,王菁.我国食品安全监督管理体系建设研究[J].世界标准化与质量管理, 2003(5);周洁红.消费者对蔬菜安全的态度、认知和购买行为分析[J].中国农村经济, 2004(11);周洁红等.食品安全特性与政府支持体系[J].中国食物与营养, 2003(9);崔卫东.完善农产品质量安全法制体系的探讨[J].农业经济问题, 2005(1);范小建.中国农产品质量安全的总体状况[J].农业质量标准, 2003(1);金发忠.关于我国农产品检测体系的建设与发展[J].农业经济问题, 2004(1);周锦锋.我国食品安全危机预防管理现状与对策分析[D].上海:上海交通大学硕士论文, 2007.

从交易成本、博弈论、信息经济学等角度来探讨食品安全问题的治理方案。他们认为在食品产业中，当上下游企业间交易的产品质量或者其产品特征难以或不能识别时，就会产生道德风险问题，对此，纵向一体化是解决这个问题的一个可行方法。[①]

也有经济学者提出，在无限重复博弈情况下，如果能够保证维系高质量而带来的未来收益，那么，公司和企业就不会愿意牺牲其自身的声誉。[②]而对于那些具有精品特征的食品，完全可以"通过信誉机制形成一个独特的高质量、高价格市场均衡而不需要通过政府来解决食品市场的质量安全。"[③]然而，即便是经济学家自身也承认，市场始终不是万能的。从斯密开始的现代经济学，其实都没有从根本上否认过国家和政府在经济治理中的地位及其意义。在一些经济学家看来，食品安全除了市场机制以外，也仍然需要政府干预或者第三方干预机制。当存在市场失灵现象时，政府有能力通过纠正市场，提高经济效率，也正是因为食品市场存在"市场失灵"现象，所以，需要政府的介入来加以纠正。

从以往各学科的相关研究来看，迄今的研究尽管对提出具有实际可操作性的食品安全监管模式尚且力有未逮，但对于政府和市场与食品安全治理关系方面的理论研究已经取得了较为全面而系统的成果。综上，我们发现，当前学者们关于食品安全问题成因的分析和政策建议，存在着一个普遍的共识，即食品安全监管机制的目标模式应该是借助于政府的介入，纠正当前的市场失灵问题，立法落后问题、政府各个监管机构的权力设置等等。简言之，学者们普遍认为，在我国的食品安全治理上，政府应该并且继续发挥主导性的角色。这在某种程度上实际是等于预设了仅仅依靠政府就有能力解决我国当前食品安全治理所存在的问题。而一旦我们抛弃这一理论预设，承认现实经济和社会生活中的政府和（或）市场均不足以充分而彻底地解决这一问题的话，那么，民众社会即民间组织这一因素的重要性及其意义便凸显出来了。

此外，即便当前某些学者已经关注到社会组织的存在和发育在食品安全治理上的意义，他们也多数将参与食品安全治理的民间组织视为政府和市场

---

① Vetter, H. Etc. Integration and Public Monitoring in Credence Goods. European Review of Agricultural Economics, 2002, 29(2).

② Shapiro, C. Premiums for High Quality Products as Returns to Reputations. Quarterly Journal of Economics, 1983(98).

③ Grossman, S. J. The Information Role of Warranties and Private Disclosure about Product Quality., 1981(24).

之外的第三方力量或第三种机制，将其视为一种补充性而非建构性的社会力量或制度安排来看待，而未能将第三种力量视为作为主体性的民众社会的建构过程来加以考察。事实上，民间组织参与其中的现象，在社会学视野里便可视为民众社会的生长和发展问题。

虽然学术界对食品安全有着较为广泛而深入的讨论，但对食品安全的概念内涵和标准却不完全相同。本书有必要首先对这一核心概念进行界定。一般而言，凡是可以用来供人类充饥的物品，都可以称之为食品。我国于2009年6月颁布实施的《食品安全法》将"食品"定义为："各种供人食用或饮用的成品和原料以及按照传统既是食品又是药品的物品，但是不包括以治疗为目的的物品。"①在本书中，食品是指那些能够被人类食用或者饮用的具有不同营养价值的物品，包括自然可食用物质，初加工和深加工的可食用物质，但不包括仅仅作为药用的物品。此外，本书的食品概念还囊括那些广义上也可以归属于食物范畴的物质，譬如生产食品的原料、食品原料种植、养殖过程接触的物质和环境、食品的添加物质、直接或者间接接触食品的包装材料和设施、影响食品原先品质的各种环境等等。

国内外政策界和学术界对于食品安全有着不同的理解、表述和定义，尚未形成共识。在有的学者看来，我国在食品安全的认识上存在两个层面的含义，其一是指一个国家和社会的食品保障（food security），也就是说，是否有充分的食品供应；其二是指食品中是否含有有毒和有害物质，可能对人体健康影响的公共卫生问题（food safety）。②这两种不同的含义在不同的时代背景下其认同度也相异。第一个含义指涉的是食品的数量保证，强调食品的供给安全，在食品资源匮乏的国家和历史时期具有重要意义。第二个含义指涉食品的质量标准的保证，在当代食品物质丰富的时代尤其具有重要价值。③20世纪末期以来，世界各国更多的是在关注食品的质量安全问题，除了与食品不安全因素和食品风险系数不断增加有关以外，更是与各国的经济发展存在直接的密切关联。本书也是在第二个含义的层面上来使用和研究食品安全问题。本书意指的食品安全包括食品的种养殖、加工、包装、存藏、运输、销售、消费等各个环节的安全，而食品不安全或食品风险是指所有那些危害，不管是慢性的还是急性的，这些危害会使食物不利于甚至损害消费

---

① 中华人民共和国食品安全法 [OL]. http://www.gov.cn/flfg/2009-02/28/content_1246367.htm.

② 吴永宁. 现代食品安全科学 [M]. 北京: 化学工业出版社, 2003: 4.

③ 国际上的经验表明，一个国家或地区的人们对食品质量和安全的重视程度与该国或当地的恩格尔系数存在关系。当恩格尔系数由高往低下降到40%以下时，人们会越来越重视食品的质量和安全，对食品的营养和卫生的水平要求也会越来越高。

者的身体健康。

当然，正如有学者所指出的那样，食品安全是一个不断发展的概念范畴，即便在同一个国家的不同发展时期，因为食品安全系统的风险程度不同，食品安全的内容与目标也会呈现出不同。[①]换言之，食品安全是一个属于相对意义上的社会事实，不存在绝对的食品安全。在不同的社会发展阶段、不同的历史时期、不同地域和不同社会文化传统下，人们对于食品安全的理解和要求也会呈现出差异。譬如，在物质匮乏的时代，人们的要求可能集中在对食品的数量而非质量上，而在物质丰裕的时代，人们对食品中所含的生物、化学和物理性危害物的残留标准会提出更为严格的诉求。由于不同地区的食品安全标准存在相当的差异，在一个国家和地区属于安全的食品，在其他国家和地区则不一定会被认为是安全食品。而在实际生活中，要做到食品的绝对安全又是不现实的。人们对食品中所含危害性物质的认知也极大地依赖于科学技术的发展——同时科学技术既提高了食品安全又增加了潜在风险，所有关于食品风险和不安全因素的认知都是在当时的科技水平和条件下得以实现的，进而，更多其他的风险囿于当时当地的科技水平和条件便无法发现、难以控制。因此，在认知论的意义上，我们在本书中所涉及的食品安全问题，也都是在现有科技水平和条件的背景下来加以讨论的。

公民社会是本书理论视角中的一个核心概念。公民社会的概念以及理论在西方思想中源远流长。尤其是自20世纪的80年代以来，各个学科的学者们在对发达国家的福利国家体制、苏东欧剧变加以解释时，逐渐复活了公民社会理论，使这一视角焕发出蓬勃的生命力。"公民社会"既是本书的核心概念，也是重要的观察和分析视角。"公民社会"一词，英语名称为"Civil Society"。德文的公民社会为"Bürgerlich Gesellschaft"，包含有两层含义：公民社会和资产阶级社会。因而在马克思恩格斯著作的中译本中，有时又将它译为"资产阶级社会"。"公民社会"和国家的问题是西方理论界长期探讨的问题。根据既有学者的研究，"公民社会"概念最早可追溯至亚里士多德在《政治学》中所说的polis一词，即通常译作的"城邦"概念。公元1世纪，西塞罗将polis一词译为拉丁文的"societascivilis"。

公民社会理论作为近代西方政治哲学中的重要理论，其发展经历了一个历史的流变过程。在自然法哲学家那里，公民社会与自然状态对立而与政治国家等同；黑格尔第一次将公民社会范畴从政治国家的概念中剥离出来，并对公民社会其性质、特征等做了详细的阐释，从而树立了公民社会理论发展

---

① 钟耀广. 食品安全学 [M]. 北京: 化学工业出版社, 2005: 2.

史上的一个里程碑。公民社会是黑格尔、马克思学说的重要范畴，是马克思从黑格尔哲学向唯物主义转变的理论中介。马克思批判地继承了黑格尔的公民社会理论，创立了唯物史观，深刻揭示了市场社会的本质。马克思是从经济关系的角度来考察公民社会的，因此，在他那里，公民社会首先表现为人与人之间的一种经济关系。马克思对于公民社会的考察，在他整个思想体系的形成过程中，具有极其重要的地位和意义。马克思之后，尤其是晚近在公民社会的话语争论中，公民社会理论又有所变化和发展。

正如日本的社会学工具书对公民社会的简要说明所阐明的那样，"由民众构成的社会是公民社会。'民众'的含义随着历史的变迁有多种含义。"①迄今，社会科学界对"公民社会"这一时髦的术语仍然缺乏统一定义。因此，我们有必要对社会科学界关于"公民社会"的已有定义及其本书在何种意义上使用这个术语交代一番。

在日本的《社会科学综合辞典》里，公民社会的词条是如此解释的："由资本家阶级确立统治的社会是公民社会。指资本主义社会。17—18世纪的英国及法国的启蒙思想家们，对封建制社会的不平等、不合理进行了严厉的批判，提倡实现自由、平等的个人理性结合的社会。这样的基于个人的政治平等的社会一般被称为公民社会。但是，通过资产阶级革命实际出现的公民社会的实质内容是资本主义社会。"②日本的《岩波哲学·思想事典》对公民社会的解释是："所谓公民社会，自古希腊、古罗马以来，对欧洲（及美国）是一个特殊的概念。与把拉丁语的公民社会（societascivilis）直接翻译成英语的civil society及直接翻译成法语的sociétécivile不同，德语的'民众'是Bürger。18世纪以后，公民社会的译词不是Zivilgesellschaft（zivil相当于英语、法语的civil），而是用了Bürgerlich Gesellschaft一词。但是，Die Bürgerlicher的形容词名词化'新民众'，与旧民众身份的区别更加明显。与此相似，英法的近代公民社会在内容上或多或少的继承了公民社会古希腊、古罗马的传统。而德国的近代公民社会具有几乎彻底清算古希腊、古罗马传统的显著特征。当然，德国可以看作是近代公民社会的一个例外，这个例外至少影响了17世纪以后欧洲社会的发展倾向，因此，德国公民社会可以作为一个典型。"③

对于公民社会的不同理解和定义还有很多。因为，从人类社会发展的复杂性和多样性角度看，民众社会在不同的历史阶段以及不同的文化背景和国

---

① 森冈清美. 新社会学辞典 [M]. 東京: 有斐閣, 1993: 587.

② 社会科学辞典编集委员会. 社会科学総合辞典 [M]. 東京: 新日本出版社, 1992: 267.

③ 广松涉. 岩波哲学·思想事典 [M]. 東京: 岩波书店, 1998: 683.

别，其含义、构成、作用和性质会有所不同。[①]本书无意拘泥于公民社会这一术语本身的语义复杂性、其所蕴含的理论张力及其相关争议，[②]而是在汲取以往有关思想的核心要义的基础上，将其简单界定为一个国家或政治共同体内的介于"国家"和"市场"之间的、独立且自治的结构性领域，那些独立自主的民间社会组织、各类社会团体和利益集团构成了公民社会的主体部分。民众社会是国家权力体制外自生自发而形成的一种以市场经济为基础、以契约精神为导向、以尊重和保护社会成员的基本利益为前提的自治领域，是国家和市场的缓冲地带。可以说，越是处于急剧变迁时期的社会，越需要这种以社会组织为载体的民众社会发挥缓冲作用，以减少社会变迁给人们在物质生活和精神文化等方面造成的不适。

1.3 研究视角与研究方法

1.3.1 研究视角

本书采取的主要研究视角是国家—社会—市场的关系视角。在本书中，国家是可以与政府互相指涉的一个概念，指的是国家的立法、司法与行政机构。社会在这里指的是公民社会。正如有研究者所指出的，在社会科学的视野里，食品安全问题不仅仅缘起于食品行业与不可见的微生物世界、化学添加剂以及集约化生产的复杂工业设计之间的联系，更为重要的是缘于现代社会中政府、市场与社会的复杂利益博弈，而且后者构成了理解该议题的核心维度。[③]也就是说，食品安全问题不仅仅涉及某一个领域，而是跨越了各个领域，在这种情况下，国家—社会—市场的关系当是一个极具理论穿透力的研究视角。国家、社会与市场作为三股结构性的力量，对于健康发展的现代社会而言在功能上是不能相互替代的，一旦相互替代则会导致结构紊乱和运行失序。这对于食品安全治理而言同样如此。

我们在前面界定公民社会概念时强调了其独立性和自治性，但这并意味着漠视国家的地位、能力及其作为，而是既承认国家的主体地位及其权力管

① 邓正来. 市民社会理论的研究 [M]. 北京: 中国政法大学出版社, 2002: 7.

② 有关市民社会理论的论争以及更多关于该理论的评介, 参见邓正来等主编. 国家与市民社会 [M]. 北京: 中央编译局出版社, 1998.

③ 吕方. 新公共性——食品安全作为一个社会学议题 [J]. 东北大学学报 (社会科学版), 2010 (2).

理的必要性，^①同时也不否认国家作用的合理边界。尽管分离于国家，通过嵌入性的社会关联，公民社会又确实与其处于互动过程之中，并且通过这种方式的行动来约束和调节政府权力。^②同样，之于市场，社会与市场之间的关系也不仅仅表现为对抗性，二者之间存在着复杂的关系，我们将在文中伴随着讨论的展开，逐渐澄清这三者之间的关系。

在国家放弃对经济的直接控制，以及退出某些社会领域而集中于专业治理之后，从应然的意义上而言，需要形成一个自律监管的社会。当自然和人为的危险无处不在，个人不能独自面对风险、确保安全时，现代社会就成了一个风险社会。市场力量不仅不能减少这些危险，它们自身反而可能产生新的危险。无论是政府还是市场，单独依靠其中一方或双方的力量都不足以解决食品的安全问题。也就是说，我们不仅需要一个监管型政府的崛起和市场的自律，同样也需要监督和制衡市场力量、补充国家能力的社会力量，那就是公民社会。在政府力有未逮之处和市场失去自律的背景下，必须要有社会的民间组织参与其中。而这在政府和市场同时"失灵"时尤为重要。然而，通常来说，政府和市场不容易受到忽视，最容易受到忽视的是社会组织或者说公民社会。但正如郑杭生所说，后者的兴起又有其必然性，因为它既能弥补市场失灵，又能弥补政府失灵，还能极大地减轻社会管理的成本。^③

从公共社会学的角度来看，面对国家与市场这两股力量对社会的挤压，我们应该保卫社会，而这正是社会学人所理应自觉肩负的价值担当。美国社会学家布洛维曾经旗帜鲜明地指出：

如果说经济学的立场是市场及其扩张，政治学的立场是国家和维护政治稳定，那么社会学的立场就是公民社会和保卫公共性（the social）。在市场暴政和国家专制的年代，社会学——特别是其公共面向——捍卫着人类的利益。^④

因此，公共社会学这一视角无疑对于我们理解当前的中国现实亦有其重

---

① 一般而言，国家不干预市民社会内部各团体、组织的具体运作和活动方式。然而，并不能由此得出结论说，市民社会具有完全的独立性和自治性。当市民社会内部发生利益冲突或纠纷而其自身又无能力解决时，就需要国家这个公共管理机关从外部介入进行干预、仲裁和协调。在这一意义上，市民社会的独立性和自治性是相对的（参见邓正来. 市民社会理论的研究 [M]. 北京：中国政法大学出版社，2002：9）。此外，本书这里在讨论食品安全治理领域时，还强调的另外一层含义，即，市民社会是作为国家的补充性和建构性力量参与到食品安全治理活动中去的。本书强调市民社会的地位及其作用，并不抹杀国家角色的重要性。

② 乌斯怀特，雷. 大转型的社会理论 [M]. 吕鹏等译，北京：北京大学出版社，2011：191。

③ 郑杭生. 减缩代价与增促进步：社会学及其深层理念 [M]. 北京：北京师范大学出版社，2007：210。

④ 布洛维. 公共社会学 [M]. 北京：社会科学文献出版社，2007：47.

要的理论和实践意义。就我国来说，改革开放以前，我国实施的是计划经济体制，经济生产、资源分配以及社会动员机制都依靠国家来运作。在国家权力的一元垄断结构下，民间社会组织几乎没有自主发展的空间。因此，改革前的中国社会缺乏公民社会。甚至可以说，1978年以前的中国是只有国家而无社会，社会的空间都被国家给占据了。党的十一届三中全会以后，国家将重点转向现代化和经济改革。这样，社会开始同时发育。改革后，市场机制开始同国家的行政机制一起在人们的生活生产中发挥重要作用。由于国家给予了社会自主发展的空间，从很多社会领域退了出来，使得自组织的公民社会开始发育起来。国家给予社会一定范围的自主和自由发展空间，对社会生活的控制也开始逐渐放宽，可谓国家对公民社会的赋权。

孙立平认为，"在改革的过程中，国家与社会的结构分化过程开始了，体现为国家权力从一些领域撤退出来，使这一部分的社会活动能相对独立地进行。"①而且，改革开放后，社会的"自由活动空间"和"自由流动资源"②开始出现，社会中间层和民间精英的雏形开始形成，许多民间组织随即出现。因此，在当今转型期的中国社会，影响和决定社会组织和制度形式的力量已经不再仅仅只有国家因素。但是，从总体上看，我国当前的公民社会发育仍然处于起步阶段。即便是出现的许多社会组织，往往也存在形同质异的问题。

当然，理论视角本身只能给我们提供思想上的启发和研究的方向，并不能就具体问题提供确切的答案。根据我们这里的理论视角带来的启示，在具体的研究中我们需要去探索的问题便是：日本的生协联作为公民社会的一股力量是如何产生、演化和发展的？在食品安全领域里，生协联的活动内容及其形式又是经由其与国家、市场之间进行何种互动方式得以产生的？中国的食品安全治理模式正从政府监管迈向社会协同共治的模式。而日本的这一经验对中国的食品安全治理和公民社会的成长又有何启发和借鉴的意义？总之，现代社会的民间组织如何在国家和市场的夹缝中破茧而出，积极介入重大的民生问题和公共事务之中，其在与国家和市场博弈的过程中如何建构起其法律合法性和社会合法性，通过哪些具体的途径和方式同时促进食品安全和公民社会的发育，这是我们需要予以重点探索的问题。

---

① 孙立平. 社会转型与社会现代化［M］. 北京: 北京大学出版社, 2005: 141.
② 孙立平. 社会转型与社会现代化［M］. 北京: 北京大学出版社, 2005: 176-181.

1.3.2 研究方法

美国社会学家米尔斯曾提出过著名的"社会学的想象力"这一名词。[①] 而社会学的想象力备受社会学者推崇，在于其核心要旨对于社会学研究的至关重要性，因为社会学的想象力主张，社会学的研究穿梭于宏观和微观、历史和社会结构与个体的日常生活之间，而且也只有在这种反复的移置过程之中，才能推进我们对具体事实的认识。我们在本书中对日本生协的考察便力图通过社会学想象力的充分运用，深入对食品安全治理的机制及其与公民社会关系的探索。

本书研究的主要内容和目标决定了本研究的主要研究方法是文献法、比较分析法和历史分析方法。文献法主要是通过对日本生活协同组合及食品安全监管体系相关文献的阅读和整理，在经验研究中结合日本经验和中国既有的资料对日本和中国的食品安全监管体系进行解读和诠释。但由于关于日本生协方面的资料比较匮乏，文献查找很困难，学术资源也有限，所以本书的描述可能不够全面。

比较分析方法也是本书的主要方法之一。本书通过横向比较日本和中国两国不同的治理经验，通过深度的文本分析探寻对我国食品安全监管体系的理论与现实政策的借鉴依据。

本书的研究过程还多次运用到了历史视角分析法。收集了日本生活协同组合的历史资料，通过这些资料的横向、纵向比较分析，深入研究了它作为日本公民社会的重要组成部分参与和维护日本食品安全所做出的努力。

1.4 论文框架与研究意义

1.4.1 论文框架

本书的第一章主要是提出研究的问题，回顾并评析该领域以往的研究文献，界定本书研究所涉及的核心概念，阐明所使用的研究视角，并交代研究方法和本项研究的意义。

在第二章中，对日本生活协同组合这一组织形式的起源、组织特点、历史发展以及所从事的主要活动做一概观，来对日本的民间社会力量做一个初步的了解。日本生活协同组合是日本民众自我组织、自我照料、维护自身利

---

① Wright Mills. The Sociological Imagination [M]. New York: Oxford University Press, 1959/2000.

益的社会组织。日本生协组织已经经历了百余年的发展，与日本的现代化进程，尤其是公民社会的发展状况共进退。而日本生协组织所开展的各种活动实际上也涉及民众生活的方方面面，包括预约共同购买、商品开发、食品安全检查和信息发布、商品销售、医疗、共济、社会福利事业、环境保护、国际交流与合作等等。更为关键的还在于，它围绕着民众生活中所遇到的各种问题，开展了一系列抵制市场不公平竞争、损害消费者利益的社会运动，并且将这些运动延伸到政治领域，成为颇具影响力的一支社会力量。

第三章将聚焦于发达国家的食品安全监管体系的现状，尤其是日本食品安全监管体系，在此背景下，进而探讨日本生协组织对食品安全问题的关注。在我们看来，恰恰是社会组织的存在，构成了日本，乃至发达国家食品安全治理经验的成功之所在。我们将集中于探讨日本生协围绕着食品安全所做的各种努力，包括了常规的日常组织活动，以及在某些特殊情况下，所开展的社会运动和政治活动。在此之后，我们将从第三章的后半部分开始，逐渐把日本生协的发展放到更大的社会和政治背景之下来分析上述努力的历史和现实意义。在第三节中，我们关注的是日本生协组织对于日本生活政治的兴起的意义。

本书的第四章将从历史角度和现实角度考察日本生协所折射的日本公民社会的发展状况。在展开具体分析之前，我们还澄清了本书的研究视角，即国家—市场—社会的三分框架以及从这一角度来看日本公民社会的历史沿革。

在第五章中，本书将把视角转向这项研究的落脚点和关怀——中国的食品安全治理问题。在该章内容中，我们将关注改革开放至21世纪初的政府监管模式，并将分析改革开放到世纪之交食品安全治理的基本现状，以及何以呈现出鲜明的"强国家—弱社会"特征。政府监管模式带有延续的社会主义传统和国家全能主义色彩，强调国家的社会责任和监管能力而忽视社会组织和社会力量甚至消费者群体自身的作为。食品安全治理力量中，作为自组织的社会力量既发育不成熟，也极少扮演重要角色。少有的发挥了作用的社会力量多数是媒体。

第六章重点关注21世纪以来萌发的社会协同共治模式。中国的食品安全治理模式由政府监管向社会协同共治的转型是治理模式在新形势下的制度整合和适应的过程。这一整合过程突出地表现在，将社会组织和社会成员的参与视为食品安全治理主体的重要组成部分，即，将公民社会作为治理模式的一个制度化方面增加到食品安全治理体系之中。而在食品安全的风险在当今社会具有易扩散和自我扩大化的现实背景下，将公民社会整合进来显然是食品安全治理模式的一个重大完善。

在此基础之上，第七章将从国家—市场—社会这一框架出发，比较中日食品安全治理的经验，并在这种比较中，探索日本食品安全监管的成功经验及其对我们的启示和现实意义，即当前中国食品安全治理迫切需要建立国家、公民社会与市场的良性互动关系，扶持并依靠公民社会的力量，而不是仅仅依靠政府或市场来解决。

在最后的结论与讨论部分，本书将在总结观点和结论的基础上，探讨以社会组织的建立来促进我国公民社会发育进而完善食品安全治理的必要性和可能性。

1.4.2 研究意义

首先，食品安全问题关乎人们的日常生活中的健康，乃至生命安全，不仅影响到经济发展，更影响到政治和社会的稳定。综观世界各国，尤其是发达国家，无不对食品安全加以重视。

我国于2007年颁布的《食品工业"十一五"发展纲要》在其指导思想中明确提出，要采取有效措施"促使食品工业健康、稳定和可持续发展"。而在当前，学者们对食品安全问题的研究绝大多数集中于探讨如何解决食品监管体系自身存在的问题，试图突破的焦点问题主要是如何改善国家食品安全监管的体系和制度，如何强化政府规制、加大监管的力度。而多年的社会现实经验表明，仅仅仰仗完善政策法规制度和强化行政监管力度，一方面是仍然不能够很好地解决实际问题，因为食品安全事故在不断完善制度和强化政府职能的背景下仍然频繁出现；另一方面是，解决问题的这种固化的思考方向和思维逻辑极大地限制了我们的想象力。换一种思维方式，探讨另一种可能的路径，简要而明确地说，即从关注国家和政府转为关注社会组织和民众，从一定程度上而言便极具研究的空间和研究的价值。

本书的研究切入点是从日本的经验入手，通过对日本生协的特点和主要工作的叙述，说明其对日本居民食品消费的影响。我们采取的是自下而上的研究路线，从日本生协所代表的日本公民社会与国家和市场之间的关系的角度出发，剖析日本食品安全监管的成功经验，并从中借鉴可供我们利用的经验。在中国的公民社会程度发展程度不及日本，而当前食品安全监管的各种措施又存在诸多弊端的情况下，日本以民间组织来同时促进公民社会发育和食品安全监管体系改革的可能性与可行性，值得我们思考和借鉴。

其次，食品安全监管问题也关系到市场经济的发展，关系到一个良性竞争的市场秩序的形成。日本是我国食品出口的最大对象国，对日食品出口占我国食品出口总额的30%左右。与此同时，我国又是日本的第二大食品进口来源国，每年占日本进口食品的14%左右，仅次于美国。因此，从我国的经济利益角度而言，了解日本对食品安全的监管体制及其变化，有助于我国的食品企业开拓日本市场，增加对日本的食品出口。当然更为关键的还在于，从日本的食品安全监管经验中，我们或许可以借鉴某种经验，以促进我国食品行业的良性竞争，改变当前食品行业市场调节的失灵状况。

再次，正如我们在上文所说的，保卫社会和社会性是社会学这一学科所自觉的价值立场。在我们当前公民社会发展薄弱，而政府行为和市场竞争又缺乏有效的监督和制衡的情况下，从公民社会的角度来探讨我国的食品安全监管就不仅仅是着眼于治理问题，它最终落脚于如何促进我国公民社会的发育来维护整体社会的公共利益和福祉的问题。在我们看来，日本生协组织代表了日本公民社会发展的一个缩影，对它的研究将为我们如何通过促进社会组织的发育，又如何通过社会组织来维护社会的整体利益和公共福祉提供某种参考经验。

第2章 日本"生活协同组合"的演进过程、组织结构与主要活动

对于一般中国的普通老百姓来说，"日本生活协同组合"这个名词或许略显陌生。但是，有心人会注意到，伴随着近些年来中日贸易往来的频繁，尤其是在涉及食品安全问题时，这个名词也开始频频见诸中国报端。例如，从2008年一度闹得沸沸扬扬的毒饺子事件中，我们便可以看到"日本生活协同组合联合会"（以下简称为"日本生协"）的身影。2008年1月30日，日本媒体称日本某一家三口因食用中国河北天洋食品厂生产的冷冻饺子而出现食物中毒症状。经日本警方检查，系有机磷类药物甲胺磷可溶性液中毒。警方认为该药物可能是在生产过程中混入了饺子。相关官员在记者会上呼吁日本民众：暂时不要进口中国相关食品。日本零售企业也纷纷暂停出售中国食品。中国国家质量监督检验检疫总局（今国家市场监督管理总局）于2月3日派遣专家调查团，远赴日本协助日方对此事件加以调查。日本调查团也于2月4日奔赴中国．开始对天洋食品厂的调查。

不过，该事件的调查进展缓慢，最终在2010年水落石出，中毒原因系天洋食品厂员工对工厂不满而投毒报复。在这则事件中，便出现了"日本生活协同组合联合会"这一对我们来说颇为陌生的组织。例如，下面这则新闻：

据中国食品土畜进出口商会消息，因为日本"饺子中毒"事件的影响，为全面掌握中国供货商食品安全管理状况，恢复日本消费者对中国食品安全的信心，日本生活协同组合联合会自2月14日起派出15个检查组对中国60家食品生产企业进行突击检查，涉及145种产品。此次检查涵盖相关企业的原材料管理、产品管理、药剂管理、员工工作状况等17个方面。

截至2月28日，日本生活协同组合联合会已对中国浙江、山东、广东、江苏、辽宁、吉林、宁波、北京、上海、海南、厦门等11省（市）37家食品供货商进行了检查。企业现场纪录显示，该联合会的检查非常严格和专业，每次考察结束时均当场作出结论性评价，并填写《现场检查报告书》。目前，检查结果总体良好，除2家企业因个别非关键性细节问题需整改后可继

续向日方供货外，其余35家企业经考察完全符合日方要求，并现场得到日方确认：可继续向日本生活协同组合联合会供货。^①

这则新闻给我们的第一印象是，"日本生活协同组合联合会"这个组织似乎负责的是日本居民的食品安全问题。因而人们或许会认为，这个组织应该是一个官方组织。否则，难以想象，一个非官方组织会对食品安全的检查如此专业和严格，并且不惜远渡重洋，花费如此之大的人力和财力来到国外进行食品安全的检查。根据我们的日常经验，人们会认为能够承担这样的责任的组织一定是官方或国家财政支持的，负责食品安全的组织。比如我国的中国消费者协会。然而，"日本生协"则是一个由民众自发成立、自愿加入的民间社会组织。

不过，在我们的日常经验中缺乏这样一种经验，即我们较少想象在官方组织之外能够存在这样一种民间组织，来负责照料我们自己的生活问题。我们无法想象摆脱国家对我们的生活问题的操心，仅依靠人们自身的力量就能够照看自己。因此在接下来的几章里，我们将透过"日本生协"来理解这种对我们来说尚属陌生的经验。这种陌生的经验或许能够给我们自身食品安全治理带来某些重要启示。

2.1　日本的生协组织

上面提到的"日本生活协同组合联合会"是"日本生协"最大的一个组织。那么，何为生活协同组合呢？

日本社会中存在着大大小小、各式各样的"生活协同组合"。它们通常被日本政府划归为民间组织或第三部门，后者构成了日本民众社会的基本组织形式。日本人习惯上将涉及海外事务的民间组织称为非政府组织，而将以国内为主要活动空间的民间组织称为非营利组织。^②日本的民间组织大体上

---

① 中国新闻网. 日本绝大部分供货商继续供货[EB/OL].（2008-02-29）[2008-02-29]. https://www.chinadaily.com.cn/dfpd/2010-02/10/content_9453583.html.

② 李瑜青，刘根华. 日本的民间组织[J]. 社会, 2002(12).

包括公益法人、NPO法人、[①]特别法人、[②]协同组合、民众团体等类别。

日本社会中的各类"生活协同组合"通过关注民众的社会生活，从便民生活的预约共同购买、商品开发、食品安全检查和商品销售，到医疗、共济、社会福利事业和环境保护，再到开展抵制市场不公平竞争、损害消费者利益的抵制购买活动、选举政治代理人，参与地方议会选举等方式，覆盖了民众生活的各个方面，成为颇具影响力的一支社会力量，是日本民众自我组织、自我照料、维护自身利益的集中体现。笔者在本章中将通过对"生活协同组合"这一组织形式的起源、组织特点、历史发展以及所从事的主要活动做一概观，以期对日本的民间社会力量作一个初步的了解。

2.1.1 日本社会中的"协同组合"

日语中的"协同组合"，在英语中一般称作co-operation，在汉语中被称作"合作社"。"协同"一词意为两人以上的人或团体为了某件事而同心协力、互相配合。而"组合"则有结为社团、行会、组织的意思。因此，"协同合作"就有同心协力、相互扶助、合为一体之意。[③]

日本社会中存在着各种各样的协同组合，涉及日本民众生活的方方面面。这些协同组合大致包括七大种类，分别是农业协同组合、消费生活协同组合、水产业协同组合（渔业协同组合、渔业生产组合和水产加工业协同组合）、中小企业协同组合（信用协同组合、事业协同组合、事业协同小组合、火灾共济协同组合和企业组合）、森林组合、信用金库和劳动金库。我们在下文将着重考察的"日本生协"，一般被划归为消费生活协同组合。"日本生协"高度重视其所售商品的质量安全，尤其是食品安全，并以为会员提供食品安全保障为宗旨。而能够切实实现这一宗旨的机制则在于，"日本生协"拥有完善的质量保证体系，设有产品安全内部检测和外部监测机制。

---

① 所谓NPO法人，是特定非营利活动法人（Non Profit Organization）的简称。1998年日本颁布《特定非营利活动促进法》（简称NPO法），以"有助于增进不特定多数人利益为目的的活动"为基本准则，依17项特定事业领域，针对众多以公益活动及联谊活动为中心的民间团体，设立了特定非营利活动法人。

② 二战以后，日本为适应战后恢复重建和经济社会发展的需要，在民法第34条基础上，针对相关社会事业发展的目的，如学校、宗教、医疗、社会福利等，制定了一些特别法，并设立了由政府有关业务部门纵向管理的学校法人、宗教法人、医疗法人、社会福利法人、职业训练法人、更生保护法人等公益法人类型。

③ 曹春燕等. 协同组合——日本型合作社的语源溯源与发展类型分析 [J]. 青岛农业大学学报 (社会科学版)，2008（9）.

协同组合还可以根据其所从事的业务性质进行划分。据此可以将它们划分为三种类型：流通组合、加工组合和生产组合。[①]具体到某一协同组合，往往在大型协同组合之下又嵌套着小型协同组合。例如农业协同组合就有全国层次、都道府县层次和市町村层次级别之分。

日本各种各样协同合作组合组织的成立绝大多数都是有法可依，并且针对特定的对象开展服务。例如，"农业协同组合"（以下简称为"农协"）作为日本最大的协同组合就是依据1947年11月制定的《农业协同组合法》组织成立的，针对的对象是农民。水产业协同组合则是根据1948年12月制定的《水产业协同组合法》而建立，针对的对象为渔民、水产业加工业者以及渔业团体等。具体到每一个协同组合的运营活动也要依据相关的具体法律法规。如"农协"的运营需要依据一般的民间企业法、商法。[②]可见，日本协同组合的组织依据和运营活动依据恰恰体现了具有合作组织加企业法人的双重法人资格。

2.1.2　日本生活协同组合

1948年7月，日本政府制定了《消费生活协同组合法》，通常称为《生协法》。2007年，日本政府又对该法做了大幅修改。该法是"日本生协"经营和组织活动的重要政策理论依据与行动指南。它规定了生协组织在开展经营活动中享有一定的国家税收优惠政策，为生协组织的建立和发展奠定了法律基础。"生协"在法律约束范围之内，在经营和管理上都有充分的自主权。包括地方政府在内的其他部门不得在法律之外进行干预。

尽管官方将"日本生协"归为消费协同组合这一类别，但是，我们发现该组织却不被冠名为"消费协同组合"。协同组合的含义我们在上文已做过界定，这里我们关注的是"生活"这一修饰语。恰恰是"生活"，而不是"消费"，这个名称体现了日本普通民众的某种公民意识。

　　"生活"这一词意味着人们日复一日的日常生活。而"生活者"则指的是在工作、学习、娱乐休闲的日常生活中又积极又有意识地探索生活方式的人，而不再只是被动的消费者。[③]

---

① 曹春燕等. 协同组合——日本型合作社的语源溯源与发展类型分析 [J]. 青岛农业大学学报 (社会科学版)，2008 (9).

② 昊天. 现代日本农协 [J]. 现代农业，2003 (2).

③ 日本生活俱乐部. 日本生活俱乐部简介 [EB/OL]. (2007-09-18) [2007-09-18]. http://www.seikatsuclub. coop/chinese/chainese_seikatsuclub20070918.pdf.

生活协同组合，顾名思义，就是在各种活动当中，相互协作，合为一体，共同改善民众的日常生活。它是由日本民众自发成立和自愿加入的组织。"生协可以被认为是'由基于自发意志的组合员而组成的，促进生活协同的法人。'"①在这样的组织中，首要的是普通民众作为一个"生活者"参与到这种组织之中，而非处于被动地位的消费者。日本民众选择"生活者"，而不是"消费者"来命名他们的联合组织，本身就是要向社会宣称他们不仅仅是想要充当一个被动地等待他人来照看和安排的消费者，而是要作为积极生活、主动参与的生活者。他们可以自主选择自己的生活方式，改变自己的生活方式。"日本生协"其实与中国的供销合作社具有一些共同点。比如都是普通民众的联合，宗旨都是为社员（会员）服务，都是以生产和经营为主的经济组织，都是全国性组织，有基层组织，但都仅是形式上的联合，各级组织独立经营。不同之处在于，"日本生协"是单纯的经济组织，只为其会员提供服务，以盈利为目的，不承担政府职责。

"日本生协"针对的对象是日本民众个体，组织形式是按照社区或是行业来组建。各种"生协"的组织在日本社会有600多家，总会员人数达到2 200万人以上。②所从事的事业包括：生活物资的开发、供应和检查管理、生活设施（包括医疗设施在内）的建设和利用、福利事业、保险事业和合作教育等，甚至选取代理人参与到地方选举，影响政治决策。因此，相应的也就有地域购买生协、大学生协、住宅生协、共济生协等类型。不过，通常每一个生协组织的业务并不受局限，往往从事多种事业。尤其是像生协联、生活俱乐部这些大的生协组织涉及的事业范围相当广泛。"日本生协"的日常运营活动也必须遵守企业法、商法等相关法律。因此，生协组织兼具合作组织与企业法人的双重法人资格。"日本生协"为其会员供应包括食品在内的生活用品，其中10%为生协自有品牌商品，还提供保险和福利等服务业务。

在日本生协众多组织中，日本生活协同组合联合会（以下简称"日本生协联"）会员人数最多。"日本生协联"是由城镇居民集体集资入股组织起来的，专门为社员提供服务的民间合作经济组织。该组织于1951年3月20日成立，其宗旨是，发展医疗、住房、购物等事业，坚持团结全国的生活协同组合和生活协同组合联合会，为提高国民的生活水平和维护世界和平做贡

---

① ［日］日本生活協同組合連合会. 生協ハンドブック［M］. 東京：日本生活協同組合連合会出版部，2009：19.

② 日本生活俱乐部. 日本生活俱乐部简介［EB/OL］. （2007-09-18）［2007-09-18］. http://www.seikatsuclub. coop/chinese/chainese_seikatsuclub20070918. pdf

献。"日本生协联"是全国层次的生协组织。在此之下，又有各种二级生协组织，如县生协、区域生协事业联合等。"日本生协联"的基层组织是"班"。一个"班"通常由5～7户家庭组成。"生协联"本着自愿加入、自愿退出的原则。会员需要交付一定的会费，作为组织运作的流动资金，这部分资金可能会在退会时返还给会员。例如学生个人所缴纳的会费往往会在毕业离校时退还给本人。除此之外，按照地区和行业等类型，生协又分为各社区生协、各行业生协、各大专院校生协、医疗生协、互助住宅生协组织等。

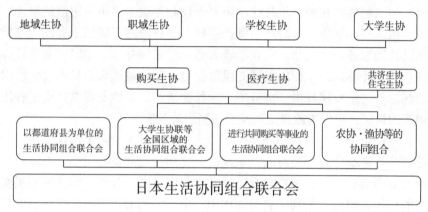

图2-1　日本生活协同组合联合会的组织结构

"生活俱乐部"则是日本最具影响力的生协组织。最初的"生活俱乐部"建立于1960到1965年间，起源于日本家庭主妇们开展的共同购买牛奶运动。1968年，各地的生活俱乐部联合起来成立了"生活俱乐部生协"。现在的名称"生活俱乐部事业联合生活协同组合联合会"则是在1990年确立的。它由30家生协组成，会员人数超过30万，其中大部分是妇女。其所从事的事业与"日本生协联"大同小异，主要的不同之处在于"生活俱乐部"对民众居民生活的关注超出了一般的消费领域，还通过积极参与政治来改善民众生活。①对此，我们后文将做详细考察。

通过上面的简单介绍，我们可以看出，日本生协组织是普通民众为维护和实现其自身利益，在平等、自愿、互利的基础上所结成的民间合作经济组织。正是因为生协在日本民众中的广泛分布，涉及生活的方方面面，民众使它能够扎根于民众生活，成为在日本民众生活中具有举足轻重影响力的社会组织。也正是因为其有着广泛的群众基础，使得它能够广泛开展包括参与政

---

① 日本生活俱乐部. 日本生活俱乐部简介 [EB/OL].（2007-09-18）[2007-09-18]. http://www.seikatsuclub. coop/chinese/chainese_seikatsuclub20070918.pdf

治活动在内的各类社会活动。

2.2 "日本生协"的历史演进

2.2.1 二战前的坎坷发展

早在日本江户时代的末期，日本社会便存在着各种处于萌芽状态的协同组合。如二宫尊德在神奈川县的小田原于1843年成立"小田原仕法组合"。该组合由二宫尊德以个人财产为资产基础，向贫困的下级藩士提供无息贷款和相互扶助服务。又比如，农政学者大原幽学在1838年下总国香取郡长部村（现在的千叶县旭市）设立的"先祖股份组合"，被认为是日本农业协同组合的起源。它由农民提供一部分所有地作为资产，土地所得收益用于救济生活困难的村民，也作为改良土地及开拓新农地的资金。

最早的生协组织是在1879年（明治十二年）日本学习英国建立的罗奇代尔公正开拓者组合。同一时间，东京的共立商社与共益社成立，大阪成立了大阪共立商店。之后，神户的商议社共立商店成立，开展米和酱油的买卖，对有着协同思想的人起到了启蒙的作用。但是，当时正值明治维新后的新社会体制的确立时期，社会基础薄弱，这些组合几年之后相继解散。经过中日甲午战争，日本工业得以发展，劳动问题与工人运动也开始出现。1898年，日本成立了以工人为主体的"共动店"。它以在当时的工人运动中起到了先驱作用的铁工组合为基础，在日本的生协历史上具有先驱性意义。1900年，日本颁布了以协同组合为对象的产业组合法，主要针对的是以振兴农业为目的的协同组合，即农协，也包括城市的协同组合。①

第一次世界大战之后，日本在"大正民主"②的政治氛围之下，经济繁荣，劳工运动、社会运动、共产主义运动等风起云涌。这一时期，日本诞生了被称为"新兴消费组合"的劳动者生协、民众型生协。日本的生协因而得到了长足的发展。在安部矶雄、吉野作造、贺川丰彦等社会运动和劳动运动

---

① ［日］日本生活協同組合連合会. 生協ハンドブック［M］. 東京: 日本生活協同組合連合会出版部, 2009: 197-199.

② "大正民主"指的是在1912年至1926年的日本大正年间推行的民主化政治体制。明治维新后，日本制定宪法并召开议会，民众参政得以制度化。但是，政党在议会中追求多数，政友会一度"一党独大"，但因政党腐败等问题，权威和地位下降。以候藤新平为代表的官僚对政治抱有积极态度，强调伦理道德要素，排斥单纯多数和多数原则。天皇制在大正民主运动中得到了强化。资料来源: 张东. 大正民主运动新论［J］. 社会科学战线, 2016（2）.

的领导人的指导下，大量民众型生协相继成立，比如1919年成立的东京家庭购买组合、1920年成立的东京共动社、大阪共益社等劳动者生协、1921年成立的神户消费组合、神户滩购买组合等等。

关东大地震、持续的金融恐慌、东北地区的严重饥荒、满洲事变的爆发等，拉开了日本的黑暗时代。但是，劳动者生协在这一时期仍在迅猛发展，如1927年的东京消费组合、1929年的京都家庭消费组合、1931年的东京医疗利用组合、1932年的福岛消费组合等。截至1941年，日本生协共有组合203个、组合员人数39万、供给额2 080万日元、出资金额580万日元。[①]由于战争期间物资受到彻底管制，日本生协运动遭到了毁灭性的打击。劳动者生协和学生消费组合在左翼势力的影响下相继解散。民众型生协的商品采购也在战时经济统治的加强下变得日益困难。生协失去了主要商品大米等的配给权，缺乏足够的活动空间，因而都无法维持相继解散。战争期间，在征用雇员和征兵的双重压力下，几乎所有的协同组合都处于解散和休业的状态，组织的设施也在空袭中受到了毁灭性的打击。

总体而言，战前日本生协组织的发展充满了坎坷。这与日本现代化中国家的强势主导作用，而经济与社会都更多地受到国家的管制不无关系。不过，我们亦可以看到，日本民众为了维护自身利益不懈努力，在艰难的处境中不断发展自己的社会组织。

2.2.2　二战后的崛起

日本战败之后，国内物资缺乏，米、糖等必需品流入黑市。即使是店铺里卖的牛肉、牛奶等价格也被哄抬炒作。日本的家庭主妇们开始在店铺门前举牌抗议，甚至组织起来直接寻找生产者订购，排除了中间商炒作牟利以哄抬物价的可能性。1945年，为了克服战争带来的困难，并进行重建，在贺川丰彦等人指导下，不同的协同组合联合设立了"日本协同组合同盟"。生协运动得以重新发展，并扩展到日本全国。尤其是《消费生活协同组合法》于1948年公布实行之后，生协的成立更获得了合法性。[②]1951年3月，日本成立了名为"日本生活协同组合联合会"的全国性的生协组织。

自20世纪60年代以后，日本经济开始迅速发展。在池田内阁时期，大

---

① ［日］日本生活協同組合連合会. 生協ハンドブック［M］. 東京: 日本生活協同組合連合会出版部, 2009: 199-202.

② ［日］横田克己. 日本消费合作社连和会（日生协）简介［EB/OL］.（2009-08-10）［2009-08-10］. http://bbs. nsysu. edu. tw/txtVersion/treasure/mpa/M. 855789184. Q/M. 870060666. A/M. 870060770. A. html

规模生产、大量消费的企业理念成为一种时尚。浪费资源、东西用过就扔的行为在日常生活中随处可见。日本国内的部分企业一味追求自身利益，而不考虑社会公众的健康问题，不惜以次充好、漫天要价。由此产生诸多社会问题，如商品的质量低劣、价格不公平以及资源浪费等等。针对市场的失控，以及政府的消极行为，更出于对健康和食品安全的考虑，"消费者运动"①"生活者运动""垃圾减量运动"等社会运动由此诞生。②一部分民众开始对自己的生活方式进行反思和批判，力图改变既有的思想观念和生活方式，倡导新的消费和生活观念及生活方式，并试图通过自组织的方式来维护个体权益。

以"生活俱乐部""生协联"为代表的生协组织为了维护公共利益，开始组织一系列消费和生活活动来提倡新的消费和生活习惯。当时日本市场所售牛奶的三分之二是脱脂乳粉等勾兑的饮料。生产厂家在利润的驱动下，将这些营养成分不高、价格却比普通牛奶高许多的合成加工奶进行广泛宣传，甚至将其吹捧为高级营养品，导致鲜牛奶的市场份额日益降低。鉴于此，主妇们纷纷参加生协组织，以反对加工奶，提倡让更多人饮用到新鲜、健康的牛奶。参与到生协组织的主妇们每五六户结成一个"班"，以"班"为单位从厂家直接订购牛奶。这种共同订购活动此后扩展到鸡蛋、大米、肉类、禽类、鱼类、蔬菜等食品及各种生活用品，就连图书、交通旅游券和文艺演出门票等都可以共同订购。

生协组织的各类活动由此从最初对因使用农药、合成着色剂、防腐剂

---

① 日本消费者运动的一个突出特点是，其所指向的是政府而不是企业或商人。如果发生了消费者权益受到侵害的事件，消费者运动要求的责任承担者首先是政府而不是肇事者。这样政府就必须担负起责任来整备有关法律和保护食品安全的行政体制，因为不少情况下消费者自己是无法保护食品安全的，比如产地的作假问题，消费者自己几乎无法判断，这时候消费者就有权要求政府保护他们。如果发生了产地作假事件，在弄虚作假的企业或商人受到惩罚之前，消费者首先追究的是政府的责任，因为政府没有保护他们。这在日本的《消费者保护基本法》中有明确规定："消费者有向国家和地方政府要求国家和地方政府完备有助于保护消费者权利的司法和行政系统的权利"。

② 在 20 世纪 70 年代，生协发现市场上出售的合成洗涤剂对河流和地下水造成污染，于是发起了"肥皂运动"，从环保与生命安全的角度呼吁大家不要使用合成洗涤剂，而尽可能使用那些易分解、对环境影响小的肥皂或肥皂粉。20 世纪70到80年代，琵琶湖湖水的富氧化问题使会员们将保护水资源、保护水质作为一个课题。生协最初呼吁会员们以肥皂代替合成洗涤剂，但很快又认识到此举并不能从根本上控制水质污染，于是发起了"禁止制造和贩卖合成洗涤剂的请愿"运动。生协对使用农药、合成着色剂、防腐剂等食品持怀疑态度，即便是那些对人体无害的食品添加剂也尽可能少用。生协甚至建立起奶牛场，全方位把握奶牛的饲养环境、生产环境、牛奶的品质、生产日期、容器和清洁工序。生协订购指定养鸡场的鸡蛋，用非转基因、不洒农药的饲料来喂养，并尽可能不使用抗生素。为了保留蛋壳表面的保护层，鸡蛋外表也不作清洗，承诺在48小时内送到会员手上。

等所带来的食品安全问题提出质疑，从不盲目购买市售商品，到自主开发环保食品和日用品，逐渐发展到抵制某些商品，如会造成水质污染的合成洗涤剂、不能证明安全性的转基因食品等。再后来，业务内容发展到研究遏制环境激素污染的对策以及普及容器的回收与再利用等，从日常生活的衣穿住行逐渐扩展到涉及食品安全问题的公共政策的制定和建议，我们到处都能够看到日本生协组织的身影。概言之，日本生协组织的社会运动从消费者运动扩展到生活者运动，体现的正是日本民众主体意识的日益觉醒，以及对社会公共问题的积极参与意识和责任担当精神。①

"生活者运动"不仅像消费者运动那样关注生产和消费过程，针对市场当中的不正当竞争发起抵制，而是围绕食品安全问题，逐渐将民众生活的方方面面容纳进来，通过社会运动、政治参与等手段，力图去塑造一种新的生活方式，代表了日本民众追求环保、安全和健康的高品质生活的社会诉求，因此比消费者运动更具有建设性。

尤其值得一提的是政治代理人运动。随着生协组织日益关注食品安全的质量，其视野也不仅限于市场上的商品的生产、销售环节，而且逐渐扩展到国家有关食品安全乃至涉及民众日常生活问题的政治决策方面。"政治代理人运动"试图通过组织化的力量，通过参与法律法规的决策来变革社会。这主要体现在，生协组织自20世纪70年代以来逐渐从日常生活领域延伸到政治领域。"政治代理人运动"便是这种延伸的一个重要标志。生命、生活与政治相连是代理人运动的口号。各类生协组织通过选举自己的会员作为自己的政治代理人，参与到地方议会的选举活动中去，表达会员们的利益诉求。政治代理人运动最初由生活俱乐部生协发起。生活俱乐部在开展社会运动中逐渐认识到要变革生活方式的重要性，将民众的声音反映在政治决策上。但这不能仅依靠规范市场参与主体的生产销售行为来实现，还必须通过参与政治、改革政治等手段来实现。1977年3月，生活俱乐部的理事长岩根邦雄正式提出代理人运动。1977年东京都议会选举时，东京练马区生活俱乐部土屋正枝首次参与竞选，但未获得成功。1977年10月，政治团体"生活者小组"成立。"生活者小组"推荐的候选人片野令子在1979年4月的第九届统一地方选举中当选，生活俱乐部自此有了自己的议员代表。政治代理人运动因此逐渐推广到其他地区，并影响到其他生协组织。

生活俱乐部的"生活者小组"于1988年改组为"东京生活者网络"。这种联络网运动由此拉开序幕。"生活者联络网"和"民众联络网"现已扩

---

① 胡澎. 家庭主妇：推动日本社会变革的重要力量[J]. 东亚视野, 2008(12).

大到日本全国各地。获选的政治代理人以环境保护和福利制度的完善等为课题，致力于实践政策。代理人构成了日本民众与国家或政府之间的中介，它不仅能够代表生协组织，乃至更为广泛的民众，将他们的声音传达到议会，构成了民众参与国家政策制定和监督施行的间接力量，同时成为国家向下传达政策的桥梁。1989年12月，生活俱乐部荣获了被号称为另类诺贝尔奖的"优秀民生奖（Right Livelihood Award）"。①

如上所述，日本的生协运动在20世纪60年代末至90年代初期进入了蓬勃发展时期。20世纪90年代中期以后，低迷的日本经济使得生协运动再次放缓下来，生协的营业额也停止增长。为了减轻负担、提高效率、巩固组织基础，日本的许多生协组织都进行了改革和精简。从生活俱乐部生协的共同购买事业自1985年到2005年的发展情况中（图2-2②），我们看到，共同购买事业自1985年至1995年有一个飞速的增长，参与的会员人数由1985年的14万人左右增加到1995年的23万人左右，而会员出资金额最初只有约50亿日元，到了90年代中期则将近翻了两番，接近150亿日元。其业绩的巅峰出现在20世纪的90年代中期。此后经历了一个低谷，21世纪的业绩开始缓慢改善，但是即便到2005年也一直未及鼎盛时期的业绩。

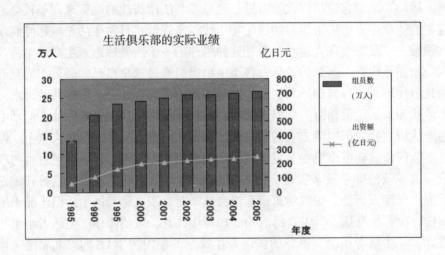

图2-2　日本生活俱乐部共同购买事业的发展（1985—2005）

新世纪以降，日本生协组织又面临着更大挑战。一系列食品危机

---

① 该奖项由瑞典裔的德国人发起，自1980年起每年颁赠给对人类福祉、人道主义、环境保护有贡献的人士与团体。

② 日本生活俱乐部. 日本生活俱乐部简介［EB/OL］.（2007-09-18）［2007-09-18］. http://www. seikatsuclub. coop/chinese/chainese_seikatsuclub20070918.pdf

事件频繁发生,尤其是日本生协联自己开发的一向标榜"安全放心"的"CO·OP"牌商品也发生了食物中毒事件,这些危机事件严重降低了日本民众对生协的信任度。无独有偶,生协食品所引起的社会事件继续增加,仅近年来就有"Meat Hope"公司的炸牛肉饼问题、老字号"赤福"的子公司生产的日式点心问题、"JT Foods"公司的冷冻饺子中毒事件等等。为了挽回生协的信誉,日本生协联不得不将全力开展CO·OP商品的"品质保证体系再构筑计划"作为最优先的课题。[①]这一举措在信誉受损较为严重的形势下提高国民对饮食安全和生协联的信赖方面,还是起到了一定作用。

此外,日本生协的组织率在近些年来也呈现出下降趋势,值得关注的一个现象是,生协对于日本年轻人的购买吸引力并不强。而年轻人又是最具消费潜力和能力的群体。因此,如何将年轻人吸引到生协中来,成为日本生协面临的挑战,也是需要着力解决的重要问题。

不过,总体而言,我们还是可以看到,战后日本生协组织得到了真正的长足发展,尤其是在20世纪60年代末至90年代初这一时期,生协组织通过关注日本民众的日常生活,扎根于民众之中,抵制市场中的不正当竞争并参与政治,敦促政府加强市场监管,逐渐成为食品安全治理过程中一股颇具影响的社会力量。

2.3 日本生协联的组织结构与主要活动

我们从对生协历史的考察中不难发现,自主与合作构成日本生协组织的深层次理念。该理念虽然历经百年但依旧弥新。日本的组织结构以及它所从事的一系列活动更将这一理念发挥得淋漓尽致。

2.3.1 日本生协联的组织结构

日本生协的理念是"多数人集中起来买东西,总比一个人有利。生协便是使消费者对商品的品质、价格及称量尽可放心购买的组织。越是加入这个组织,越能购买物美价廉的商品。"其口号是"一人为万人,万人为一人。"[②]各级生协与政府部门之间不存在任何直接的隶属关系,本质上完全是一种民众自发成立的经济合作组织。

日本生协的会员主要是由城市居民(以家庭主妇为主)和大学师生构

---

① [日]日本生活協同組合連合会.生協ハンドブック[M].東京:日本生活協同組合連合会出版部,2009:4-5.

② 转引自孔庆演.考察日本生协、农协的观感[J].商业经济与管理,1985(02).

成。因为生协通常是由同住在一个区域的居民或者是在同一个工作单位的同事所组织起来的，尽管人们在性别，人种、政治信仰或宗教信仰存在差异，但是民众所有人都可以自愿加入。生协本着自愿加入、自愿退出的原则，对其会员或组合员实行民主管理。为此，一般的生协为了规范日常经营活动，都制定了诸如《生协章程》《总代会条例》等比较完善的管理规章制度。会员在加入某一生协之后每个月需要交付一定的会费，作为该生协经营运作的基础。会员不论入股金额多少，每人一票，政治权力平等。生协的理监事由组合员大会或代表选举产生。会员还可以参与生协组织的利润分配。生协除按国家法律规定上缴税金45%以及留下法定准备金和积累之外，其余分别按股金（6%～8%）、购销额（20%～25%）返还给组合员。[①]

此外，会员们还可以通过总代会和地区会议反映自己的意愿和要求。因此，加入生协的民众不仅仅是作为会员，而且还是经营者。具有代表性的是生活俱乐部所创建的"自主管理监察制度"。生活俱乐部的合作生产者本着"安全、健康、环境"的原则，与俱乐部会员一起提高食品安全。生产者按照农业、渔业、畜产业和加工食品等方面的"自主标准"分别公开信息，然后由会员和生产者组成的自主管理委员会检查食品是否达到标准，并将标准修订为更高的水平。在由会员组成的自主监察委员会的指导下，社员们开展"众多人的监察"活动，即由会员来监察生产现场的活动。[②]

综上所述，我们可以看到，一方面，生协的会员制安排促使促成会员关心、关注生协发展，调动了每个会员的自主精神和社会参与意识。另一方面，会员制还吸纳了民间小额资金投入市场运营，提高了生协的市场竞争力，使其在市场当中占据一席之地。总体而言，日本生协业已成为日本普通民众实践民主管理、民主经营和民主监督的重要组织方式。

从组织结构上看，生协分为全国层面的生协组织和二级的生协组织，如县生协、区域生协事业联合等。以日本生协联为例，全国性生协联的主要职能是支持和综合协调组合成员的业务活动。二级生协组织则要配合全国生协联的工作。全国生协联作为全国层面的协同组合，一方面可以拓展县行政区划的界限开展活动，协调各二级生协联组织之间的合作经济关系，同时还可以作为全国生活者的代表参与国家的相关法律法规政策的制定，发挥连接政府和民众的重要作用。

日本生协联和其各组织会员是相互独立的法人，形成了日常运营具有计

---

① 上述数据引自孔庆演. 考察日本生协、农协的观感 [J]. 商业经济与管理, 1985 (02).

② 日本生活俱乐部. 日本生活俱乐部简介 [EB/OL].（2007-09-18）[2007-09-18]. http://www.seikatsuclub. coop/chinese/chainese_seikatsuclub20070918. pdf.

划性与独立性相结合的特点。一方面，全国层面的生协联设有本业经营部，负责统一开发、购置商品，从事食品安全检查等活动。这种设置减少了商品的流转环节，促使交易流程、物资流程向资金流程分离。通过生协联直接向工厂订购，工厂按照生协联要求的品种、规格、质量和数量提供服务，不仅节约了各个二级生协组织的运营和组织活动的成本，而还使得各个二级生协组织也能够方便获取和利用某些只有全国层次的生协组织才具有的资源和组织条件。比如某一食品的供应，往往是由二级生协上报全国生协联，再由全国生协联统一购置，最后由二级生协联具体供应给每户。另一方面，各级生协联组织，县生协、区域生协事业联合、全国生协联之间在完成一项合作业务时都要承担着各自独立的责任，具有极大的自主活动空间。换言之，生协联的各级组织之间并不是严格的由上至下层层命令与执行的科层制隶属关系结构。作为会员的每个生协都是独立的，生协联只是对会员生协进行指导，以及提供经营、技术方面的支持，信息服务或资金援助等。

2.3.2 日本生协的主要活动

日本政府对民众的生产和生活问题，在法律的框架内尽可能放手让民众通过自己的协同合作组织来解决。日本生协组织的经营服务范围并不完全受到法律的限制，而视组合员的能力而定。其运营活动的领域涉及民众生活的方方面面，包括商品的开发、购置、销售和检测，食品安全和食品销售、救济事业、福利事业、旅行事业、医疗事业等方面的集体活动，如全国各地的生协联召集当地会员召开与消费生活有关的学习会、与国际生协组织进行交流等等。具体到二级生协组织则又会视其服务对象的特点开展深入的活动。如大学生协提供的服务就包括了食堂餐饮业、书籍订购与销售、生活用品服务等等。[①]我们下面对这些活动略做介绍。

（1）预约共同购买

日本生协所从事的业务最初主要是共同开发、采购、检查消费物品、食品、日用品、衣服、书籍等。生协的商品供应方式分为"店铺型"与"非店铺型"。前者主要是指各生协组织在自己的店铺内出售商品，而后者则主要指以班组为单位的预约共同购买。

预约共同购买通常是由基层生协收集汇总购买信息之后，将民众的订单层层上报，由全国生协联或生活俱乐部等全国生协组织筛选厂家，以低价格批量订货，一周后以班组为单位送货，不仅有利于生产流通的合理化，而

---

① 朱京伟.竭诚为大学生服务——日本的"生协"[J].世界知识,1988(4).

且也能降低商品价格。消费品从产地经过生协联的配送中心送到会员的手里或班里。较之于店铺经营,预约共同购买省去维持店铺的费用,又可节约由准备库存、齐备商品带来的相关费用。更为重要的是,预约共同购买不仅能够促使民众的消费生活具有计划性,而且也有利于生产者按计划有效生产发货,供应的消费物品又可以不使用防腐剂保持新鲜状态。

值得一提的是,生活俱乐部与一般生协组织不同的是只坚持以无店铺"班"的方式共同购买。因为他们认为"班"可以培养会员的社会及政治能力,不会轻易地被资本主义渗透,也才能真正落实独立自主的价值理念。[①]

（2）生活必需品销售

除了以班为单位的预约共同购买之外,集中销售民众日常所需的生活必需品也是日本生协的一项主要工作。为此,生协联等各个大型生协组织,都在各地成立商店出售日常生活用品。

生协的商店在日本与其他的民间零售店一样遍布全国。由于生协根据法律享有商品税的优惠。生协的税率通常会比一般商业企业的税率优惠3个百分点左右。更为重要的是生协组织凭借其组织和运营结构,能够有效组织利用各级资源节省成本,所出售或提供的商品的价格会比市面上的商品便宜5%~20%不等。

（3）商品开发

生协除了向其他厂商购置食品在自己的商店里出售之外,生活俱乐部、生协联等大的生协组织还专门开发安全食品。以日本生协联开发的"CO·OP"牌商品最为著名。20世纪中期,日本市场上充斥着大量假冒伪劣、质次价高的商品,食品安全问题也非常严重。鉴于此,为了民众的食品安全,生协联便与其会员一起开发不使用或少使用防腐剂、染色剂,能够保证安全有益于健康的"CO·OP"牌商品。生协联按照国家食品法的规定,并同时听取并汇总其成员对食品质量的要求,制定出生协联自己的食品质量标准,然后委托厂商按照统一标准进行生产。生协联在新产品生产过程和上市的前后,还要进行一系列严格的食品安全检验和评价活动。一方面,医师会组织会员到工厂检查制造过程,听取意见。另一方面,生协联为了确保食品安全,还建立商品检测中心对商品质量进行检测。生协联为了保证某些商品的质量,甚至会从国外采购农药、化学肥料残留量符合标准的原料。由于"CO·OP"牌商品具有大批量生产和成本低的特点,其价格也相对便宜。

---

① 横田克己. 日本消费合作社连和会（日生协）简介［EB/OL］.（2009-08-10）[2009-08-10]. http://bbs. nsysu. edu. tw/txtVersion/treasure/mpa/M. 855789184. Q/M. 870060666. A/M. 870060770. A. html.

此外，生协联所开发的项目涉及面非常广泛，包括了生产、流通、消费和废弃等各个阶段，并且在任何阶段都必须追求高效率，注重环保。同时，在涉及质量、生产方法、容器与包装材料、保管方法、流通手段以及成本等的一切信息，双方都一律公开，并一起认真讨论。生协联还会将从生产到配送的整个过程所用的经费公开出来，再按生产原料定价。这样，生协联对食品的提供实现了从生产到流通全过程的监管。生协联的这种运营方式营造了会员与生协联之间的信任关系以及会员对组织的积极参与。①

尽管"CO·OP"牌商品的开发和管理，主要是由全国生协联来负责，但是，究竟进哪些商品则由各"生协"自己判断。这里，再次体现了生协联组织运营的特点，既具有计划性，又给予各次级生协以相对独立的地位。"CO·OP"牌商品以其安全可靠的质量和低廉的价格赢得日本民众的青睐，而且增强了民众对生协联的信任。"CO·OP"牌商品树立了很好的社会公众形象和品牌效应，甚至带动了整个日本食品工业界对食品安全问题的关注。不过，正如我们提及的，近些年来，"CO·OP"食品引发的食品安全事件也频频发生。不过，相对来说，"CO·OP"食品仍然是最让人放心的食品之一。而且，生协联目前为恢复信誉而进行的品质保证体系的再构造，在恢复日本民众对饮食安全的信赖方面也起到了作用。

此外，生活俱乐部也开发了自己的食品，主要集中在牛奶、鸡蛋、猪肉等日常食品方面。食品安全的把控也延伸到了食品供应的各个环节。例如生活俱乐部所开发的"三元猪"（即"杜洛克猪""长白猪"和"巴克夏猪"的杂交猪），要求猪要在开放型猪棚饲养，投喂的饲料也必须为非农药和非转基因饲料，这样的三元猪的肉里才不会残留抗菌性物质。

（4）医疗、共济和社会福利

在日本社会老龄化趋势日益加剧的情况下，生协组织已经率先开始提供一系列养老服务，并经营一些养老机构。例如，生活俱乐部是一个以协同组合组织互助工会为基础而建立的社会福利法人和非营利组织，也开始经营日托老人护理中心和特别养护老人院。2005年的调查结果表明，在生活俱乐部组织覆盖的区域之内，大约有1万人参与居家养老服务和养老设施服务，各种事业所一共有448家，而享受服务的人更是有三万人之多，用于上门服务等护理服务的时间总量为143万小时。在日本政府实行护理保险制度以后，生活俱乐部的信誉进一步提高，年营业额就达到了83亿日元。

此外，日本生协还组织民众参加医疗保险，建立自己的医院，为民众的

---

① 冯章锁. 日本生协的商品购销形式［J］. 中国供销合作经济, 1997（01）.

健康提供保证。

（5）劳动者自主事业

生活俱乐部是生协开展劳动者自主事业的典型。生活俱乐部建立了不以营利为目的的劳动者自主合作社。会员在该合作社内不是作为雇佣者，而是作为经营者自己出资、经营和生产。会员对合作社缴纳必要的资金，自主制定规章制度、业务范围和目标，并自主进行经营管理。这种合作社方式的工作方法被称为劳动者自主事业（Workers' Collective）。劳动者自主合作社具有非营利、谋求社会公益等两方面的特点，其最大的特点是"自主"与"合作"，在社区建设中发挥了重要作用。生活俱乐部提议建立劳动者自主合作社主要出于以下三种目的：一是创造一种劳动方式以解决老龄化社会问题以及妇女的非正规雇用问题；二是将生活俱乐部的业务和活动拓展到生活领域；三是方便民众生活，培育促进社区发展的民众力量。①

截至2005年，日本共有582家劳动者自主合作社，大约有17 000多人从事以社区居民为对象的社会服务。例如，外送饭菜、生产面包等加工食品，以及为老年人和残疾人提供护理服务项目，托儿、垃圾再利用、编辑、分类配送消费物品等，也非常活跃。②

（6）社会运动和政治参与

日常生活上的问题并不仅是简单的民生问题，还牵涉到政治决策方面的问题。因此，对于生活自主的要求必然促使日本生协逐渐将其范围从日常的消费市场延伸到政治领域，将社会运动扩展为政治运动。

因此，较大的生协组织除了通过对食品提供的整个流程加以把关，来保障民众生活之外，往往还作为全国生活者的代表，参与到影响食品安全的法律政策的活动之中。在这方面尤其以生活俱乐部最为活跃，如1997年1月的反基因食品直接请愿活动。

实际上，日本生协的活动已经越来越超出了单一的食品问题范围，对其政治参与涉及影响福利救济政策的制定、环境保护等方方面面，如生协组织参与政治生活的渠道主要有开展向政府直接情愿的运动、选举政治代理人等等。就此来说，它构成了政府和民众的中间环节。

（7）国际交流与合作

日本生协联、日本生活俱乐部等还经常与世界各国的非营利组织进行交流与合作。如生活俱乐部早在1983年就与韩国信用协同组合中央会建立了友

① 胡澎. 日本社会变革中的"生活者运动"[J]. 日本学刊, 2008（4）: 100.
② 日本生活俱乐部. 日本生活俱乐部简介[EB/OL].（2007-09-18）[2007-09-18]. http://www. seikatsuclub. coop/chinese/chainese_seikatsuclub20070918. pdf.

好交流关系，又在1999年与韩国女性民友会和中国台湾主妇联盟建立了三姐妹合作关系，还专门设立了'妇女委员会'来推进这一合作关系，编辑发行季刊《联合妇女委员会通讯》。此外，各个合作社之间还会开展互访和进修活动。

日本生协力图跨越国家，将其自主与合作的理念从日本国内传播到世界各地。例如，生活俱乐部在2000年参加了联合国的裁军会议和"环境与开发"会议。2001年开展和平运动，向日美两国政府提出了"要求反对一切恐怖活动，立刻停止军事行动的声明"，还为"阿富汗生命基金"进行了募捐活动；2004年参加由加拿大和美国组织的反对转基因小麦签名活动，2005年为印度洋大地震海啸受灾者实施救援募捐活动，呼吁京都议定书的生效等等。

2.3.3　日本生协组织发展的原因

如前所述，二战后日本生协组织迅猛发展，并迅速成长为一股颇具影响的社会力量。这并非偶然，而是有其深刻的历史和社会原因。我们在这里略谈几点主要原因。

首先，日本生协满足了中产阶级首要的生活诉求，是日本中产阶级表达利益的重要渠道。第二次世界大战以后，日本在美国的推动下对政治和经济加以改革，而政府也将经济放在首位。伴随着市场经济的深入发展，社会结构随之变迁，中产阶层逐渐发育壮大。而他们的各种利益诉求也迫切需要某种合适的表达渠道。在此背景下，围绕着所关注的消费饮食等问题，生协组织得到了中产阶级的青睐，获得广大民众的广泛参与和支持，并逐渐将其影响力扩展至政治领域。

其次，二战以后日本政府逐渐撤出市场和社会等诸多领域。相伴生的是频发的市场失范现象，但同时给日本民众自我组织、自我照料的生活方式提供了发展空间。高柏指出，在20世纪60年代，尽管市场规律受到政府管制和非市场治理结构的约束，但高增长与自由化是日本产业政策中的重要范式。①政府通过各种产业政策大力刺激经济，鼓励消费，又同时在某种程度上对市场上企业和商人的不法行为予以过分的放任。在这种情形下，日本民众在相当大程度上被迫在国家之外寻求保护自己利益的途径。生协组织的发展恰好成为一个重要契机，中产阶级可以组织起来，对抗市场危害自身利益的行为。

---

① 高柏. 经济意识形态与日本产业政策 [M]. 安佳译. 上海：上海人民出版社，2008：178-219.

再次，日本生协的工作扎根于与民众息息相关的日常生活，这也是其发展壮大的重要原因。生协组织所从事的事业几乎覆盖了民众生活的各个方面，既包括便民生活的共同购买、商品开发和商品销售，也包括福利、共济、医疗和住房等等。而这些都是民众们在日常生活当中所普遍关注的重要问题。当然，更为关键的是，生协组织的工作通过民主管理、民主经营等组织设置以及一系列的组织规章，充分地调动了民众的积极性。生协的会员不仅仅只是作为受益者，而且更是作为其中的一个经营者参与其中。正因如此，生协的影响力和作用范围得以广泛地延伸到了日本民众生活的各个角落。

最后，不容否认的客观事实是，生协的发展与日本政府的一定支持也是分不开的。政府早在20世纪末就制定了生协法，提供了生协发展的法律框架。政府还根据社会发展的形势对其加以修改。这些政府行为可以说既提供了生协组织获得发展和开展活动的合法性空间，也促进了生协组织自身的规范化和制度化，有利于生协组织依法开展活动，有效吸收会员参与。此外，政府所提供的税收优惠等措施，政策制定上听取生协意见等也都在一定程度上助力日本生协的发展。

综上所述，日本生协是普通日本民众在日常生活中，参与社会活动，发挥自己的自主性，相互协作，共同改善和创造自己的生活方式的民众组织，构成了日本社会组织的基本形态之一，是日本民众民主管理与民主监督的实践场所，是日本社会力量的集中体现。在下一章里，我们将聚焦于日本生协组织在食品安全方面进行的努力，更进一步深入分析日本民众的这种自主与合作的社会力量的组织与日常运作情况。

第3章　日本生协与食品安全

德国社会学家乌尔里希·贝克根据西方发达国家的社会发展状况，将二战以后的新社会形态称为"风险社会"。风险社会中的风险具有全球性、不可感知性和无法计算性，与此相伴生的是技术专家主义，即我们对风险的界定和分配不得不依赖于科学或技术专家，社会缺乏最起码的反思能力。以食品安全问题为例，农药、化肥、食品添加剂等通常会被法律规定在一个"可接受水平"。但是，标准的确定不仅依赖于专家的动物实验，也不能根据单个的动物实验推论出人类的可接受水平。为此，贝克充满预见地指出，"通过无限制的现代化风险的生产，一种使地球不适于居住的政策以突进和限制相互交替的方式被实施，有时是以使灾难加剧的方式。"①食品安全在此情况下恰恰处于一种不确定的状态，由此带来了人们对食品安全问题的焦虑和风险意识。

学术界一般习惯从"量"和"质"两个方面来谈论食品安全问题。②前者是指食品供应的数量是否能够满足民众的基本生活需要。食品数量的保证不仅涉及普通民众的温饱问题，而且更多涉及国际政治问题。后者则是指食品中的有害物质的含量是否会对人体带来危害。就本书所涉及的问题来说，我们在这里所关心的是食品安全的"质量"问题。

伴随着风险社会的来临，人们的风险意识，尤其是健康意识开始苏醒，对生活质量和安全的要求也相应提高。食品安全问题因而越来越成为触动普通民众敏感神经的主要因素，食品监管则成为各国政府极为关心的主要问题。许多发达国家都开展了对食品安全问题的专门的政策研究，同时颁布和实施健全食品安全监管的相关法律和政策。此外，世界卫生组织（WHO）等国际组织提出了"全球食品安全战略草案"，积极推动各国的食品安全监管。

---

① 贝克.风险社会［M］.何博闻译,南京:译林出版社,2004:46.

② 这一区分借鉴王兆华,雷家啸.主要发达国家食品安全监管体系研究［J］.中国软科学,2004(7).

3.1 发达国家食品安全监管体系及基本特征

发达国家经过许多年的探索，已经形成了一套比较健全的食品安全监管体系。我们将从三个方面来进行介绍。不过，我们在此事先要注意的一点是，对于发达国家食品安全监管体系的介绍要避免"乌托邦化"。不可否认，发达国家在食品安全监管上法律相对健全、机构设置较为合理、技术检测手段也遥遥领先。但是，即使是在美国这样的国家，食品安全问题依然非常严峻，其制度的设计并非完美无缺。

因此，介绍西方发达国家食品安全监管的经验的关键就不只是着眼于立法的超前或某一两个检测技术手段先进的问题，而是要看到其整体的制度框架，尤其是要看到其食品安全监管制度运作与变革的内在推动力，这一点远比一两项先进的检测指标或法律设置对我们更有借鉴意义。较之于以往研究，我们在下文更关注发达国家食品安全监管的各个主体之间的关系。

3.1.1 食品安全监管的立法举措

发达国家对食品安全的监管在宏观上主要是依靠立法手段来建立和健全相关的法律体系。经过多年的探索，发达国家涉及食品安全的法律已经覆盖了几乎所有食品类别和食品链的各个环节，包括食品的原料提供、生产、运输和销售等环节，并且每一部法律都为食品安全的监管制定具体标准、监管机构的职能以及监管程序。例如美国于1890年制定了《国家肉品监督法》，在后一个多世纪之中，不断健全各种法律。综合性的法律有《公共卫生服务法》《联邦食品药品法》和《食品质量保护法》等。具体性的法律则有《肉类检验联邦条例》（FMIA）、《禽类产品检验条例》（PPIA）、《蛋类产品检验条例》（EPIA）、《食品质量保障条例》（FQPA）、《公共健康事务法》等。欧盟在涉及食品安全方面的立法也不断处于建立和健全之中。欧盟在21世纪初发布《食品安全白皮书》，内含84项保障食品安全的具体措施，确立了欧盟食品安全法规体系的基本原则，为欧盟食品和动物饲料生产和食品安全控制奠定法律基础。欧盟还试图对欧盟食品安全卫生制度进行根本性的改革，尝试制定统一透明的安全卫生规则。欧盟在涉及食品安全的立法中遵循从农场到餐桌的原则，并在食品和饮料从业者中贯彻对食品安全负有主要责任的原则。[1]

---

[1] 张月义，韩之俊，季任天.发达国家食品安全监管体系概述［J］.安徽农业科学.2007,35(34).

我们看到主要发达国家在食品安全监管方面都力图建立一个覆盖食品以及食品链的各环节的，且具体而微的法律法规体系，以作为食品安全问题中各参与主体权利和义务的法律依据和行动指南。

3.1.2 科学、标准化的食品安全监管技术

发达国家不仅重视从源头控制、生产加工、包装贮藏和运输销售等环节保障食品安全，而且也重视食品安全的预防措施。更为关键的是，发达国家逐渐开发出一整套科学化、标准化的食品安全的监管与预防技术，用以评估和预防食品安全风险。科学化、标准化的风险分析与评估也成为上述发达国家食品安全监管法律和政策制定的重要基础。

各发达国家当前所建立的最典型的食品安全控制体系被称为"通用良好生产规范"（GMP）和"危害分析和关键控制体系"（HACCP）。前者是由美国食品药物管理局（FDA）在1969年制定的，它规定了在食品生产的各个环节中所要求的操作、管理和控制的具体标准。这一套标准经过相关国际组织和专家的修正，逐渐形成了以基础条件、实施、加工、贮藏、分配操作、卫生和食品安全、管理职责为内容的一般结构和应用准则。HACCP则是一套通过对包括原材料的生产、食品加工、流通乃至消费的整个食品链每一环节中的物理性、化学性和生物性危害进行分析、控制以及控制效果验证的完整系统。HACCP与GMP实际上是一种包含风险评估和风险管理的控制程序。HACCP被认为是迄今为止控制食源性危害的最经济、最有效的手段。[1]上述两项标准在各国得到了普遍认同，成为许多国家食品安全监管的标准体系。各国采取自愿或者强制性手段，在本国食品安全相关企业中实施GMP与HACCP。例如，欧盟将HACCP体系作为所有非主要食品经营者的强制性义务。

发达国家还根据各国国情建立许多具体的食品卫生安全检测体系，由相关机构来实施质量标准对食品安全进行监管。此外，国际性组织所制定的许多食品标准也为各国所采用。世界贸易组织（WTO）认可的四大国际标准化组织分别为食品法典委员会（CAC）、国际标准化组织（ISO）、国际动物卫生组织（OIE）和国际植物保护公约（IPPC）。目前最重要的国际食品标准分属ISO系统和CAC系统两大食品标准系统。[2]不过，我们在此要顺便指出，科学技术的进步未必就意味着食品安全监管的安全。这一点我们将在后

---

① 李怀，赵万里. 发达国家食品安全监管的特征及其经验借鉴 [J]. 河北经贸大学学报. 2008(6).

② 李怀，赵万里. 发达国家食品安全监管的特征及其经验借鉴 [J]. 河北经贸大学学报. 2008(6)：31.

文进一步分析。

3.1.3　食品安全监管的参与主体

无论是如何健全的法律，还是如何先进的技术，最终总是要由具体的机构与个人来驾驭。法律与技术总是嵌入于一定的社会结构之中，作为构成社会的个体也不能被忽视。因此，我们研讨和借鉴发达国家的食品安全监管体系，也要关注法律和技术所嵌入的社会结构。因为正是后者构成了法律与技术生长的重要基础。

以美国为例，美国的食品安全被公认为是世界第一水平。这不仅有赖于健全的法律体系和先进的检测和风险评估技术，还有赖于机构联合监管制度和社会各界对食品安全问题的重视。这首先体现在美国建立了"食品安全监督管理网络"，与联邦、州和地方政府既相互独立又进行合作，各级政府负责食品安全监管的部门对食品提供的各个环节实行严格的监管。这些监管机构主要有食品药物管理局（FDA）、食品安全与监测服务部（FSIS）、动植物健康监测服务部（APHIS）以及美国环境保护局（EPA）。[①]这些机构之间分工明确，权责并重，各自依据食品安全的相关法律法规、监管食品安全。

其次，美国各级部门实现了食品安全监管信息的透明化，也归功于公众的参与与监督。一方面，联邦政府、州政府、地方政府和各级食品行政管理部门在食品安全监管问题上，都需要对总统、国会、法院和公众负责。另一方面，行政程序法、联邦咨询委员会法和信息自由法等都规定各种法律规章的制定必须按照公开、透明和各方互动参与的方式来实行。法律鼓励受管理的行业、消费者和其他利益团体参与法律规章的制定过程。管理机构必须发布"拟议规章预告"，为公众提供初步讨论和发表意见的机会，收集利用来自公众的信息，以作为决策参考。包括美国公民以外的任何人都可以提出意见。此外，能够向政府提供制定规章咨询的团体，可以建立咨询委员会。其人员构成要平衡各方利益以避免产生纠纷。这些团体须公开召开委员会咨询会议并向委员会以外的成员提供发表意见的机会。法律规章的制定要做到每一项都有据可依，可以提供给任何成员检查。政府部门的科学家还会利用公用通讯媒体向公众解释各项法律规章的科学背景。所有重要的公众意见在最后颁布的法律规章中须体现重要的公众意见。[②]

由此可见，美国的管理机构利用各种渠道和力量来保障规章制定工作的

---

① 苏方宁. 发达国家食品安全监管体系概观及其启示［J］. 农业质量标准. 2006（6）.

② 李应仁，曾一本. 美国的食品安全体系［J］. 世界农业. 2001（3-4）.

透明度。因此，最后的规章制度是各方利益博弈平衡的结果，并不代表某一部门或某一群体的利益。

总体来看，较为完备的法律法规体系在发达国家的食品监管体系中提供了一个整体性的框架。食品安全检测与风险评估技术在这一框架之中得以广泛应用。各方以法律为依据，明确自己的权利与义务，参与到食品安全问题之中。当然，这一法律框架并非一成不变，也不是仅靠少数智囊来制定，而是政府积极提供渠道，鼓励各方参与到相关法规的制定过程之中。而科学化、标准化的食品安全技术评测则成为各方参与的重要手段。正如我们一直强调的，对于法律与技术的观察最终要落脚于对于二者所植根其内的社会结构，乃至具体的人的洞察之中。后者本身的生活方式及其所栖身的社会结构才是推动食品安全监管的真正推动力。我们将在第五章对此做出进一步的论证。

3.2　日本的食品安全监管体系

日本食品自给率很低，进口依赖性大，因此对食品安全问题尤其敏感。尽管如此，日本的食品安全事件也频频发生。如疯牛病、毒饺子事件等，挑战公众的神经。尽管如此，日本仍然被公认为是世界上食品最为安全的国家之一，经过多年的发展，日本建立了一个较为完善且严格的食品安全监管体系。21世纪以降，日本为了应对食品安全治理的新形势，保障民众的安全，不断对既有的食品安全监管体系加以改革。下面我们从法律体系、标准体系、监管机构和保障措施等方面来分别加以阐述。

3.2.1　日本食品安全监管的法律体系

日本在保障食品安全方面的法律法规体系包括两部分：两大基本法律以及其他相关的专门法律。两大基本法律分别为《食品卫生法》和《食品安全基本法》。日本的食品安全监管原本主要依据《食品卫生法》进行。该法是日本食品安全监管最重要的综合法典，涉及对象广泛，与之相对应的监管范围也非常宽泛。许多管理规则和程序都按照《食品卫生法》来制定。该法详细规定了食品添加剂、包装、运输等环节的标准，并且还包括食品从业人员经营活动的规范标准。①

进入21世纪以来，日本对《食品卫生法》进行了多次重要的修订，其结

---

① 王兆华，雷家骕. 主要发达国家食品安全监管体系研究［J］. 中国软科学. 2004（7）.

果是对进口食品安全的限制越来越严格。厚生劳动省负责实施具体的管理工作。由于消费者食品安全意识的提高以及食品安全事件的屡屡发生，日本消费者对食品安全的不信任感日益增加。鉴于此，日本参议院于2005年5月通过了《食品安全基本法》。该法实现了从食品安全的"卫生性"规制转向食品"安全性"规制，确立了保障国民食品安全的基本理念。[①]同时，该法明确了食品安全监管各方主体的主要责任。中央政府负责制定并实施确保食品安全的政策和措施；地方政府的责任是分担前者的任务；食品制造和食品进口的人员则有责任和义务确保食品质量安全，并采取必要的措施向政府提供准确信息；消费者应掌握并理解食品质量安全知识，充分利用政府提供的机会表明个人意见。[②]

日本涉及食品安全的专门法律法规种类繁多，迄今为止共颁布了300多项。[③]日本在颁布新的《食品安全基本法》的同时，也相继制定和修订《食品卫生法》《屠宰场法》《关于家畜处理业的规制和家畜检查法律》《农药取缔法》《家畜传染病预防法》《药事法》《关于农林物规格化及品质表示适当化法律（JAS法）》等10多部涉及食品安全的法律。这些法律共同构成了日本现行的食品安全监管法律体系。

3.2.2　食品安全监管的标准体系

日本在开始制定食品安全标准之时，重视遵守国际先进标准，同时又结合日本的国情加以细化。厚生劳动省负责制定适用于包括进口产品在内的所有食品的一般标准，包括食品添加剂的使用、农药的最大残留标准等。而农林水产省则主要涉及食品标签和动植物健康保护方面的监管，此外它还根据《关于农林物规格化及品质表示适当化法律》负责制定有机食品的标准。

目前，日本涉及食品安全的相关标准涉及生鲜食品、加工食品、有机食品和转基因食品等各个方面，构成了一个相对来说较为完善的食品安全标准体系。这些标准作为行业规范大多都以法律的形式固定下来。日本的食品标准分为三个层次，分别是国家标准、行业标准和企业标准。国家标准是由《关于农林物规格化及品质表示适当化法律》所规定的标准，主要以农、林、畜、水产等产品以及它们的加工制品和油脂为对象。行业标准作为国家标准的补充，则是由日本各行业或专业协会所制定的。企业标准则是由各株

---

① 刘畅. 从警察权介入的实体法规制转向自主规制[J]. 求索, 2010（2）: 126.

② 李清. 日本水产品质量安全监管现状分析及启示[J]. 世界农业, 2009（9）: 36-40.

③ 孙杭生. 日本的食品安全监管体系与制度[J]. 农业经济, 2006（06）.

式会社所规定。①

日本从2006年5月29日开始施行《食品残留农业化学品肯定列表制度》。该项制度对原本未设定最大残留限定标准的农业化学药品做出了严格的规定。还对该列表规定之外的其他农业化学品或农产品设定了0.01ppm的限量标准。②因此，尚未制定农兽药残留限量标准的食品实际上被禁止进入日本。

3.2.3　日本食品安全的监管机构

与我国类似，日本食品安全监管的机构设置属于多部门的分段监管模式。厚生劳动省和农林水产省是日本原本负责对食品安全进行监管的两大主要机构。前者侧重于与农业、林业和水产产品的生产和加工阶段，以及农药、化肥、饲料和兽药等农业投入品的监督管理等；后者则侧重于负责其他食品的进口和流通阶段，包括进口食品安全检查，国内食品加工企业经营审批，食品安全事故调查处理，食品流通监管以及食品卫生执法监督等。

多部门型分段监管模式尽管对各监管部门做了明确的职责规定，但在实际操作中相互之间缺乏总体协调，在管辖权限上容易发生重叠或混淆不清的问题，导致监管效率低下和管理资源浪费。③

鉴于一系列食品安全事件的频繁发生，以及公众对政府监管能力的质疑，日本政府对传统的监管模式加以改革。根据2003年的《食品安全基本法》的规定，日本于同年7月份设立直属内阁的"食品安全委员会"，由首相亲自任命的7名食品安全方面的权威人士组成。其职能包括实施食品安全检查和风险评估、协调与监督厚生劳动省和农林水产省，对风险信息实行综合管理，以及建立风险信息沟通与公开机制，成员主要由来自政府、生产者、消费者的三方代表组成。该委员会结束了厚生劳动省和农林水产省在食品安全管理上各自为政的局面，形成食品安全一元化领导模式。④但是，食品安全委员会对于农林水产省和厚生劳动省的食品安全执法情况，只有评价、监督和劝告的权力，而无有直接的奖惩权力。⑤

同时，农林水产省和厚生劳动省对内部机构也做出了调整。农林水产省设立由300人组成的消费安全局，负责食品安全残留农药检验监督和食品标

① 王兆华,雷家啸.主要发达国家食品安全监管体系研究[J].中国软科学,2004(7).

② 安洁,杨锐.日本食品安全技术法规和标准现状研究[J].中国标准化,2007（12）:23-26.

③ 王铁军,张新平.食品安全国家控制模式的浅析[J].中国食品卫生杂志,2005.17(3).

④ 施用海.日趋严格的日本食品安全管理[J].对外经贸实践,2007(11Z).

⑤ 双喜.日本食品安全管理的体制与制度的变迁[C].中国绿色食品发展论坛论文集.

签等工作。消费安全局须将检验结果提交给食品安全委员会。厚生省也对其内部的各机构做了改组。医药食品局取代原来的医药局，食品安全部取代了旧有的食品保健部，同时成立隶属于食品安全部的进口食品安全对策室，强化对进口食品的检验。日本于2009年又成立了"消费者厅"，直属于日本内阁政府，进一步加强食品安全的监管工作。

日本中央政府通过厚生劳动省和农林水产省在全国的各县、市广泛设置的食品质量监测、鉴定和评估的检测机构，以及政府委托的市场准入和市场监督检验，建立了一个完善的食品安全检测监督体系。

3.2.4 日本在食品进口环节的安全保障措施

日本食品自给率很低，主要依靠进口，因此对进口食品的检验检疫非常严格。日本进口食品按照类别分为植物、动物和食品卫生三大类。它们要经过厚生省和农林水产省下属的三个部门的检测，都通过之后，才被允许进入日本国内市场之中。各个检疫所在检疫的目的、项目上存在差异，因此合格标准也不同。

食品安全的检疫流程包括提出进口申请、书面审查和实施进口食品安全检测等环节。进口食品安全检测是食品安全监管体系中的关键环节。日本进口食品安全检测分为通关放行、样本检测和行政检查或指定机关检查三种类型。若据相关管理条例不需进一步实施检疫的，则发放产品安全许可证，通关放行。那些经过审查和风险评估，认为违反日本《食品安全法》可能性较低的食品，农林水产省和厚生劳动省的检疫所将对其实施样本检测。检测的项目包括：农药残留、抗菌性物质残留、微生物梅毒、转基因食品的确定等。经检查不合格的食品，要进行消毒，待再次审查合格后，才被通关放行允许进入日本国内市场，或者实施回收和就地销毁处置。而那些被认为违反日本《食品安全法》可能性偏高的食品将被进行行政检查或者指定机关检查。行政检查针对的是某些特殊食品或者以往违反《食品安全法》的同类食品，该类食品将由进口商自行支付食品安全检测费用，由厚生劳动省指定的检测机构进行检测。而机关检查是指初次进口的食品在确认存在违反日本《食品卫生法》事实，或者食品在运输过程中发生各类事故的前提下，检测机构要对这类食品实施检测。①

---

① 本部分的内容介绍，参考了以下研究：孙杭生.日本的食品安全监管体系与制度[J].农业经济, 2006 (06)；叶军, 杨川, 丁雪梅.日本食品安全风险管理体制及启示[J].农村经济, 2009(10).

3.3　日本生协的食品安全治理：常规工作与社会运动

3.3.1　食品安全方面生协的常规工作流程

在上一章中，我们概述了日本生协所从事的主要活动。日本生协所经营的项目涉及日本民众生活的方方面面。不过，其最为核心的任务还是食品安全治理，本质在于保障普通民众的食品安全。日本生协也正是聚焦于食品安全问题才作为一股重要的社会力量真正展现社会的活力。我们来看看生协提供的最具有代表性的消费物品的主要特点：

牛奶。牛奶在生活俱乐部自办的奶厂使用巴斯德灭菌法生产，所有牛奶都要以72℃用15秒钟灭菌。在日本市售的大部分牛奶都是经由超高温灭菌法（120℃~150℃）灭菌的，但是这种方法会引起钙和蛋白质的热变，使得鲜奶所含的营养和风味都发生变化。只有生菌数量少而质量好的原料奶才能采用此种灭菌方法。因此，生活俱乐部的牛奶是先以合作生产者的严格卫生管理标准挤原料奶，再以严格的品质标准生产的。冰激凌和酸奶也用同样的原料奶生产。

鸡蛋。在日本国内市售的大部分鸡蛋都是进口母鸡下的，而生活俱乐部的鸡蛋都是在岐阜县后藤孵卵厂（养鸡场）出生的国产母鸡下的，这个厂不依靠抗生物药品养鸡。而是给母鸡注射预防感染沙门氏菌的疫苗，并定期进行检查。在饲料方面，养鸡场不加农药，而是用非转基因的原料制作饲料，并且尽可能采用国产饲料。生活俱乐部的鸡蛋在母鸡下蛋后48小时以内会送到社员手中。

猪肉。生活俱乐部的猪肉以健壮、肉质好、味美为特点的"三元猪"肉为主。三元猪是"杜洛克猪""长白猪"和"巴克夏猪"进行交配的杂交猪。猪在开放型猪棚生长，肉里不会残留抗菌性物质。饲料指定为不施用农药的和非转基因的。此外，养鸡场提高饲料自给率，保全环境及农地，还把地里种植的饲料作物作为饲料喂猪。猪肉香肠等30种以上的加工品也以这种猪肉为原料生产。[①]

由此可见，日本生协所追求的是安全、健康且环保的食品，为此也做出了一系列的工作。其中进行的主要工作包括以下几个方面：

---

① 日本生活俱乐部. 日本生活俱乐部简介［EB/OL］.（2007-09-18）［2007-09-18］. http://www.
seikatsuclub. coop/chinese/chainese_seikatsuclub20070918. pdf.

首先，日本生协联、生活俱乐部等全国性的生协组织通常会采取一系列措施对食品供应链的各个环节加以把关，以保障日本民众的食品安全。日本生协对食品安全的监督管理覆盖到了整个食品链，即从食品原料的生产源头、生产线控制、食品的加工、储运以及销售等各个环节都加以把关。比如，生活俱乐部联合会制定了"安全、健康、环境"生活俱乐部原则，严格按照此原则从事各种事业活动。合作生产者需要先对"生活俱乐部原则"表示同意，并在行动上积极支持生活俱乐部的各项规章制度，然后再与社员一起本着"安全、健康、环境"的理念努力提高服务水平。这正是生活俱乐部与被公认的质量管理标准、环境标准及其认证制度的不同之处。生产者按农业、渔业、畜产业和加工食品等方面的"自主标准"分别公开信息。然后由社员和生产者组成的自主管理委员会检查是否达到标准。此外，社员们在由社员组成的自主监察委员会的指导下要开展"多人监察"活动，因此不得不说这是一个由社员来监察生产现场的活动。

在上一章中，我们所介绍的由日本生协联所开发的"CO·OP"牌商品充分体现了其对生产到流通的全过程的监管。如，采购农药、化学肥料残留量符合标准的原料；派医师组织会员到工厂检查加工过程，听取意见；利用商品检测中心对食品质量进行检测等，都是生协联保障其所开发的食品安全的常用举措。

不过，近些年来，"Meat Hope"公司的炸牛肉饼、"CO·OP手工制作饺子"等重大食品中毒事件一度降低了民众对日本生协联，乃至整个日本生协组织的信任感。目前，日本生协联为了挽回名誉全力开展CO·OP牌商品的"品质保证体系再构筑计划"，并将此作为最优先的项目，并在恢复日本民众食品安全信任感方面起到了一定的作用。[①]

笔者在前一章中所介绍的生活俱乐部的自主管理监察制度，也聚焦于食品供应各环节的监督问题。不仅表现在，这一制度要求与生活俱乐部合作的生产者必须了解食品生产与加工信息，由会员和生产者组成的自主管理委员会来检查食品安全，监察生产现场的活动，而且还表现在对"自主标准"的制定上，即生产者与会员共同自主制定安全标准。以农业标准为例，生活俱乐部制定的禁止项目有：农药的空中撒播，转基因农产品的生产，未经过毒性检查的农药的散布；而奖励项目则有公开栽培3年的记录，种植应时农作

---

① ［日］日本生活協同組合連合会.生協ハンドブック［M］.東京:日本生活協同組合連合会出版部，2009:4-5.

物，实行轮耕，不使用除草剂等等。①

其次，日本生协联、生活俱乐部等规模较大的生协组织往往还担负着进行商品比较试验和信息发布的工作。例如，日本生协联设有专门的商品检测机构，对商品进行比较实验，检测商品安全性，并将检验、检测的结果通过多种宣传媒体，及时发布给消费者。众所周知，在市场上存在着生产者或销售者与消费者之间的信息不对称问题。许多食品，即使是在消费者食用过后，也难以判断其质量安全信息。换言之，仅仅依靠市场，并不能够"自发地"保障食品信息的公开化，因此也就难以对生产者或销售者构成监督和制约作用，也难以有效保护消费者权益。这种信息的极度不对称使消费者面临着严重的安全与健康风险。在这种情况下，日本生协联对披露违规生产的不合格食品，提供食品健康指南等方面都具有至关重要的作用。这些举措不仅矫正了市场信息不对称问题，为消费者提供食品安全购买的信息，增强了广大消费者的自我保护意识与能力，避免消费者在购物中上当受骗，还间接对生产者和销售者产生了一种制约和监督作用，敦促其提高依法经营的自律意识，不断改进和提高经营服务水平，为社会提供符合市场需求的优质商品和优质服务。

3.3.2 食品安全方面生协的社会运动

针对新出现的转基因食品，生活俱乐部与其他日本生协共同建立了"停止使用转基因稻米！生协联络网"，并在全国各地对转基因食品的标识进行调查，敦促农林水产省和厚生劳动省的大臣改善标识制度。

转基因食品会给人类的身体健康和环境带来什么影响，在尚未弄清的现状下，却已经商品化了，甚至连标识也没有。因此，生活俱乐部联合会在1997年1月，为了对此表示反对意见而决定"原则上不使用转基因作物和食品"。接下来，与生产者共同检验了所有的消费物品，不仅一直致力排除转基因食品、饲料和添加剂，还独自作出标识。另外，对地方政府开展情愿陈情活动，要求对转基因食品作标识，还向国会递交了有68万余人要求对转基因作物食品加以限制而联署签名的请愿书。通过这些运动，使国会通过了要求制定标识制度和加强安全性审查的请愿。②

① 日本生活俱乐部. 日本生活俱乐部简介 [EB/OL]. (2007-09-18) [2007-09-18]. http://www. seikatsuclub. coop/chinese/chainese_seikatsuclub20070918. pdf.

② 日本生活俱乐部. 日本生活俱乐部简介 [EB/OL]. (2007-09-18) [2007-09-18]. http://www. seikatsuclub. coop/chinese/chainese_seikatsuclub20070918. pdf.

此外，日本生协还通过开展各类活动对会员进行消费教育与消费指导工作。全国各地的生协通常会召集当地的会员，举行与消费生活有关的学习会。神户的生协联还建立了"生协消费者学校"，开展学习活动。各类生协为了提高消费者自身的素质，一般还会创办定期刊物宣称消费知识。

日本生协联通过这些多样化的手段对广大消费者进行消费教育与消费指导，不仅涉及保护消费者权益的法律、法规和规章方面的咨询服务，为消费者提供消费知识和商品知识，而且还潜移默化地影响着普通民众的生活风格。正如我们在一开始便指出的，"生活者"的协同组合本身就代表了，生协联追求的目标不仅是使民众仅仅作为一个被动的维权者或自卫者，而且力图去影响日本民众的日常生活习惯，形成一种新的生活方式或生活秩序。

此外，日本生协组织还积极参与国际上关于食品安全的会议，学习、合作与交流经验。例如，生活俱乐部就以观察员身份列席了策划规定转基因食品国际标准的食品法典委员会（Codex Alimentarius）生物工程应用食品特别小组，联合签名要求成员国确立了4条基本原则：即确保可追踪性；实行全部标识的义务化；确立预防原则；由第三者进行安全性审查。①

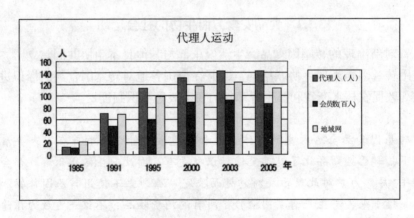

图3-1　日本生活俱乐部政治代理人运动发展情况（1985—2005）

① 日本生活俱乐部. 日本生活俱乐部简介［EB/OL］.（2007-09-18）［2007-09-18］. http://www. seikatsuclub. coop/chinese/chainese_seikatsuclub20070918. pdf

3.4 治理食品安全：从日常生活到生活政治

3.4.1 生活政治的兴起

二战以后，尤其是50年代以来，发达国家的人们日益从工业社会的组织模式——阶级、阶层、家庭、性别身份——中脱离出来。由此带来的则是人们的生活方式的多样化和个体化，个体自身越来越独立地成为社会性的再生产单位。

无论在家庭中还是在家庭外，个体都变成了他们教育的和以市场为中介的生存以及相关的生活计划和组织的能动因素。生涯自身获得了一种反思性的规划。[①]

但是，个体化所带来的并不就是个人的自由与自我创造。在个体化的同时，社会不平等也个体化了，社会危机被感知为个人危机，心理危机。社会不平等被理解为个人成就的差异。新的冲突不再围绕着阶级，而是集中于人种、肤色、性别、少数民族、同性恋和肢体残疾的歧视上。而新的社会问题，不再围绕着社会财富的分配，而是围绕着看不见的、不可感知的风险的分配。如食品危机事件，问题不仅仅在于某一部分人为了自己的利益，不惜损害另一部分人的食品安全和生命健康权益，而且还在于哪一部分人更容易成为不安全食品的受害者。投放到市场上的危险食品并不像人们通常所想象的那样，人人在风险面前是平等的，风险的分配也对应着分层的社会结构。因此，我们必须看到的是另一个方面，与个体化相伴随的制度依赖：

解放了的个体变得依赖于劳动市场，而且因为这样，它们依赖于教育、消费、福利国家的管理和支持、交通规划、消费效应以及医学、心理学和教育学咨询和照料的种种可能性和风气。这都指向个体境况的依赖制度的控制结构。[②]

个体的制度依赖以迂回的方式将风险与其他资源的分配勾连起来。因

[①] 贝克. 风险社会 [M]. 何博闻译, 南京: 译林出版社, 2004: 109.

[②] 贝克. 风险社会 [M]. 何博闻译, 南京: 译林出版社, 2004: 160.

而，其他资源的不平等也就主导着风险分配的不平等。举例来说，并不是每个人都有机会接受科学的、健康的饮食安全教育，而这间接地影响着人们的生活方式和生活观念，影响着人们对风险的感知、评价以及自我保护。

贝克分析了第二次个体化的动力。"在晚期现代性中，个体化是劳动市场的产物，并且在不同工作技能的获得、提供和使用中表现出来。"①具体来说，劳动力市场所要求的教育资格、职业流动和同等者之间的竞争构成了个体化的推动力。此外，日益提高的生活标准、收入，劳动关系的司法仲裁、新的城市规划等也推动了个体化。由此，我们看到，步入现代社会以后，其制度本身的运作也要求一种个体化。

不过，吉登斯对此却更为乐观。在他看来，晚期现代性下，自我的内在参照性，即诉诸抽象系统来控制生活，通常情况下可以将那些扰乱生存问题的经验封存起来，如疾病、疯癫、犯罪、性和死亡等。但是，纯粹依靠自我来决断并不足以维持一个稳定的自我，尤其是在富于命运特征的时刻，诉诸抽象系统来控制生活的做法归之于无效。原有的种种压抑会重新被激发，此时，只有借助于外在的道德标准才能够解决困境，重获本体性安全感。②传统的解放政治所关心的那些议题都无法应对这些问题，一种新的政治形态正在诞生，即生活政治。所谓生活政治，是与吉登斯提出的与解放政治相对的概念，解放政治关注的是如何从剥削、不平等或压迫中解放出来。而生活政治关注的则是选择以怎样的生活方式来促进自我的实现。就此来说，生活政治关心的是一种生活方式的政治。它提出的是"我们应该如何生活"这样最为基础性的伦理问题，它所关注的核心是自我认同。生活政治呼吁对社会生活的再道德化，要求人们将现代性制度所压制的那些道德和存在的问题重新纳入议事日程。

就生活政治而言，其困难之一就在于如何将一个个孤立的个体凝聚成一股政治力量。就此来说，环境保护问题、食品安全问题、男女平等问题等都成为个体组织起来构成社会力量，参与政治，影响和塑造一种新的生活方式的契机。在此背景下，我们可以看到，日本生协对于食品安全问题的关注，实际上正是促进了日本社会中生活政治的兴起，它已经影响了并仍将持续影响着日本政治的运作和发展走向。

---

① 贝克. 风险社会 [M]. 何博闻译，南京：译林出版社，2004：114.

② 吉登斯. 现代性与自我认同 [M]. 赵旭东，方文译. 北京：三联书店，1998：第六章.

3.4.2 食品安全与生活政治

如前所述，日本生协对于食品安全的关注可分为两个方面，日常生活中常规的食品安全检测，如通过质量分析来对食品供应链的各个环节加以把关、开发安全优质的商品，共同购买，消费教育和消费指导，等等。除此之外，日本生协在涉及重大的食品安全问题时还会组织其会员，通过社会运动、直接请愿、参与政治选举等方式来对市场以及政府的行为加以制约。

就此而言，我们可以看到日本生协的生活政治首先表现为以食品安全问题为载体对社会力量加以组织化，也可被视为对市场化背景下社会成员原子化的一种抵制。一种市场统治在当代社会逐渐建立起来，促使旧式的社会团结逐渐式微。普遍的社会问题经由市场逻辑被转化为个人需求问题，因而社会问题被赋予个人属性，可以通过市场化的个人行为加以解决。更为关键的是，市场以价格和需求等标准替代了其他标准，人与人之间也被市场机制消解为碎片化和原子化的关系。由此带来的是消费者对市场的高度依赖以及市场统治的不断生产和再生产。鉴于此，符合公共福祉的集体诉求要真正表述和实现出来，而并非作为科层体制下程序技术的过程执行，需要将这些原子化的个体重新组织起来，以获得组织的力量去施加集体的影响力。然而，组织化在社会发展个体化和工业化趋势下变得较为艰难。社会的个体化在很大程度上消解了人们组织起来的社会基础。正如埃利亚斯的洞察所揭示的：

原先由联系较为紧密的血缘集体，如氏族或村落、土地拥有者家族、行会或等级阶层给予个人的庇护和控制功能，现在正转移到高度集中化的和越来越城市化的国家集体里。随着这种转移，那些单个人，当他们长大成人时，就越来越多地脱离了原先较为密切的、地域性的血缘和庇护群体。……在那些更加庞大、高度集中和不断城市化的国家和社会里，单个人在越来越高的程度上要依靠自己谋生立业。他们的流动性（在这个词的地域和社会意义上讲）增加了。从他们那种必须的和终其一生的对群体，接受市场上的厂商的单方面消息的处境，在利益受损的情况下，也无力与之抗衡。面对市场对劣质乳饮料的鼓吹，以生活俱乐部为代表的日本生协以此为契机，将原本孤立的民众组织起来，进行消费教育和指导，通过共同购买、肥皂运动等社会运动来抟聚社会力量，以此来对抗市场对民众生活的侵蚀，由此构成了对市场上不法行为的有力制约，促使整个日本食品工业界对食品安全、食品质量问题的关注。在一个市场标准日益渗透到社会的各个角落去的消费社会中，这种社会团体以及社会运动为孤立化的个体提供了一个自主与合作的机会。通过相互合作，相互交流，获取消费信息，并通过组织化的社会力量来与市场进行抗衡。争取自己的利益。

正是因为日本生协所关心的食品安全问题与日常生活密切相关，才能获得民众的广泛参与和支持。例如，本书前面提到的"CO·OP"牌商品正是以其安全可靠的质量和低廉的价格赢得民众的青睐，而且增强了人们对生协联的信任。在日本生协的组织之下，个体不再单纯作为被动等待市场或国家等组织来提供规范和保障的消费者，而是作为一个积极参与生活，自主塑造生活方式、自我照看的生活者。

此外，日本生协的生活政治还表现在将其对食品安全的关注从日常生活拓展至市场和政治领域之中。我们发现，以生活俱乐部生协为代表的日本生协对于食品安全的关注最初集中于市场领域，聚焦于市场上的价格不公平、消费物品的健康安全等日常生活问题。但是，随着人们对于食品安全问题关注的广泛深入，日本生协开始尝试通过政治参与来发挥其影响力，不再仅对抗市场上的不法行为，而且要求国家以立法的形式，通过制度化方式来制约市场上的不正当竞争行为，将民众对食品安全问题的关注和意见反映到国家的立法之中。

在影响立法方面，尤以政治代理人运动对于政治的介入最为深入。各个生活俱乐部生协所选举的政治代理人大多数是日本的家庭主妇。她们是带着自己的日常生活当中所遇到的问题而参与到地方议会选举活动中的，力图通过政治手段来表达生活问题。因此，生协的代理人运动加深了日本民众日常生活与政治的密切关系。日本生协常常作为全国生活者的代表，参与到与食品安全相关的法律法规政策的制定中来。其活动实际上已经越来越超出了对食品问题的单一关注，政治参与涉及影响福利救济政策的制定、环境保护等方方面面。

可见，日本生协组织围绕食品安全问题搭建了普通日本民众与国家之间交流与沟通的桥梁，也是其生活政治的表现。在这一点上，尤其以生活俱乐部的生活者网络最为典型。正如胡澎所指出的，生活俱乐部和生活者网络搭建了民众与议员共同商议地方政治和行政的平台，他们广泛吸收民众意见，与各自不同立场和利害关系的人沟通，寻找解决对策。[①]

不过，我们认为更为重要的是，日本生协围绕食品安全问题，重新塑造了日本国民的生活习惯和生活观念，形成一种新的生活秩序。当"大量生产、大量消费"在20世纪60年代成为企业的理念之时，生活俱乐部开始通过抵制不良消费和生活方式，来提倡一种新的生活方式和生活观念，如共同购

---

① 胡澎. 日本社会变革中的"生活者运动"[J]. 日本学刊, 2008（4）：104.

买牛奶的运动、对于因注重外观和商品价值而使用农药、合成着色剂、防腐剂等的食品提出质疑，不盲目购买市售商品，从被动型消费者变为主动参与型消费者，并与生产者共同开发出一样样对人体安全无害、注重环保的食品和日用品等等。

这些社会活动不仅着眼于消费者在日常生活中的食品安全问题，更力求塑造一种自主、独立与合作的新的生活理念。正如我们在一开始考察"生活协同组合"这个概念时就已经指出的那样，"生活者"这个概念所传达出的深层次含义，就是日本民众不愿再仅作为一个为市场上的各种企业信息所摆布、所主导的消费者，而是力图以个体的组织化来对抗市场的不正当竞争行为，争取自行决定如何生活的权利，并积极探寻合乎自己且有利于社会的生活方式。

第4章　日本生协与日本公民社会的成长

本书通过前面的内容介绍了日本生协对日本市民生活的影响，尤其是日本生协围绕食品安全问题，从日常生活问题延伸到政治领域，体现了其强大的组织与动员力量。日本生协的这些工作在日本公民社会的发育成长中扮演着不可忽视的作用。我们将在本章将日本生协置于日本公民社会发展的历史中来考察其历史地位和现实影响，以期对日本生协在食品安全领域乃至日本社会中为何产生影响非凡，做出更进一步的分析。

4.1　日本公民社会的发展

自20世纪80年代以来，全球范围内便兴起一股"公民社会思潮"。出于对20世纪中叶国家干预主义以及东欧和苏联等国家社会转型的回应，西方学者们开始广泛采用"公民社会—国家"这一框架来分析和批判社会问题。从此意义上说，这个概念框架本身就不仅只是一种分析工具，还承载着某种价值观。正如有学者所指出的那样，公民社会被认为不仅是一种可以用来对抗或抵御暴政、集权式统治的必要的手段，而且还是一种被视为当然的目的。①

无论是关于公民社会的学理探讨，还是实证分析，都将公民社会的发育作为一个立足点，力求探寻社会与国家之间的良性关系。强调这一观点非常重要，首先是因为公民社会—国家以及晚近的社会、国家与市场的三分框架都来源于西方社会自身的现代性经验，并不是可以随手拿来就用的普世性分析工具。其次是因为本书涉及的日本与中国都是作为后发现代性的国家，自身传统与现代制度架构之间在现代化的过程之中存在错综复杂的关系。研究者若仅以西方概念框架来分析复杂现象，不可避免地要忽略许多对我们来说更为有意义的现象和问题。

然而，我们更要看到的是，现代性作为一种从欧洲开枝散叶发展而来的

① 邓正来，杰弗里·亚历山大. 国家与市民社会——社会理论的研究路径（增订版）[M]. 上海：上海人民出版社，2006：6.

生活秩序与制度框架，已经蔓延至世界的各个角落，深刻地影响到了我们的现实生活。如果我们承认，我们今天的历史处境在于，既不可能完全西化，也不可能完全复归传统，那么在此意义上，具有自身传统和本土特质的公民社会也的确代表着在现代性与传统之间的某种可能性。因此，我们对公民社会、国家、市场这些概念框架的使用，一方面固然是希望借此去发现现代性作为一个整体体系演进的内在动力，另一方面更是着眼于我们当前的境遇去挖掘其本土化意涵。这并不仅只是意味着通过比较我们就能够发现自身社会的特殊性，还意味着我们强调某种开放心态的重要性，促使我们能够有机会去了解和容纳某种异己的经验。就此而言，公民社会对个人意识和行动上双重主体性的强调，指向了我国治理模式和社会发展的某种可能性。

我们将首先从思想史角度上述公民社会、国家与市场这一分析框架进行粗略的讨论。今天的许多争论往往是因为不同的学者关于公民社会的界定存在重要的分歧。因此我们希望借助这一梳理给出本书所采纳的公民社会概念，并澄清国家、市场和社会这一概念框架。

4.1.1　知识传统

总体而言，学者们对公民社会概念的考察，总是习惯于将其追溯到希腊的"城邦"（polis）概念，或者中世纪的"社会"（sociatas）概念。不过，现代意义上的"社会"或者"公民社会"概念却是晚近才出现的历史范畴。忽视这一点，我们就无法理解这一概念的丰富内涵，更无法捕捉其现代性的一面。因为无论是现代的公民社会、民族国家，还是自由市场，都是现代性制度的产物，并且三者之间在其诞生之时就存在千丝万缕的关系。

谈及社会这个概念的形成，17世纪的社会契约论传统是其中至为关键的一环。"社会"在中世纪的社会概念当中被视为一个整体（universitas），政治或权力机构仅是社会中众多机构的一个部分。而社会则是在天主教治理下的普世社会。彼时并没有现代意义上的国家（state），而只有王国（kingdoms），而王国是受到罗马天主教教会的管制。自12世纪以来，王权与教权的争斗促使王权力图摆脱教权对其领域内事务的干预。因此早期现代国家在建立时，所面临的主要任务即是要将政权从基督教教会的干预中重新夺取回来，建立以民族为单位的自治性主权共同体。社会契约论应运而生。

社会契约论的知识传统涵盖了自然状态与社会状态这样一对重要概念。政治在社会契约论里恰恰是从自然状态向社会状态过渡的中间环节。因此在早期社会契约论传统，尤其是霍布斯的观点中，公民社会等同于政治社会，或者说社会就是国家。它是由原本处于自然状态当中的一个个平等且自由的孤立个体为了摆脱自然状态中的诸多不便，通过缔结契约而建立起来的共同体。这种政治社会尤其强调公共福利特性，以求以此独立于宗教秩序，而国家关注的则是个人灵魂拯救以及道德问题。换句话说，在现代国家或现代社会建立伊始，道德便被政治社会置于私人领域之中，成为纯粹个人性的范畴。我们在此指出这一点，并非无关紧要。我们在上一章介绍日本生协的生活政治时曾经指出，晚近的社会运动以及生活政治，面对国家官僚体制的呆板中立以及市场的货币机制的大肆蔓延，恰恰要求我们将道德因素重新回到社会的视野当中加以讨论，以借此来规范国家和市场的行为。

国家尽管在霍布斯那里被等同于社会，但是国家与社会的分离实际上却早就存在于社会契约论传统之中，比如普芬多夫的双重契约理论充分体现了这一点。同盟契约是指人们基于利益建立社会，而隶属契约则是人们一起建立政府，这就已经把社会的创建置于政府前面。社会的一个重要价值便在于，即便政府解体，社会也不会解体。而只要有自组织的社会存在，人们的生活尽管会由于政府的缺席而可能面临某些混乱，但也不至于会陷入绝境。洛克继承了普芬多夫对政府和社会的区分，并引入了财产权概念。财产权存在于自然状态中，是个人劳动的产物，这个全新的概念赋予了现代人自主性和个体性。而政府的首要目标被规定为保护公民的财产权。

从霍布斯一直到卢梭的社会契约论传统，一直是通过政治来确立以民族国家为单位的社会自主性。卢梭处于一个转折点。社会的形成问题从18世纪开始退居次要位置，社会调控问题或者说社会秩序问题日益凸显。主流观点开始从法律与经济的角度，而不再是简单从政治角度来思考这一问题。我们这里仅简单谈谈从经济角度来思考公民社会的自主性。这与我们接下来要讨论的市场从社会当中逐渐分离出来的论述有着密切关系。

市场观念形成于18世纪，并且恰好是人们在对公民社会的自主性的思考中诞生出来的。市场制度并不单纯是一个关于如何将资源配置最优化的"技术"问题，而是涵盖了现代性的一种关于经济如何组织和运作的意识形态。而这种意识形态恰如路易·迪蒙所说，处于现代思想的核心位置，而非边缘地位。市场观念的出现并非偶然，而是回答社会的建立和社会的调控问题这一17和18世纪最具决定性的关键问题。社会契约论虽然确立了以民族国家为单位的社会概念，但是不同民族国家之间的和平与战争，以及社会契约的义务基础，这两个问题却有其理论的软肋。而这两个困境实质上都根源于人们从政治来理解社会。倘若把社会看作市场，这两个困境便迎刃而解：贸易是和平的武器。从贸易角度来看，整个世界可被视为一个民族或国家，或者国家之间的利益竞争也是双赢的，能够带来和平。而市场这只"看不见的手"是一种没有立法者就能够调节社会秩序的特殊"法律"。价值规律被理解为无须任何干预的商品之间的交换关系。

18世纪苏格兰历史学派早在马克思之前便从经济而非政治范畴中开始寻找社会的基础。彼时的苏格兰历史学家们不仅是商业资产阶级地位上升的见证人，而且他们认识到社会首先是一个经济市场，而非政治社会。亚当·斯密的突出贡献或许并不在于把社会生活化约为经济生活，而在于将社会扩大到经济领域，从经济角度来理解社会和整个政治。对于亚当·斯密来说，经济本身就可以解决政治和社会调节的难题。市场在斯密那里具有维持社会秩序的功能，所以仅通过对市场秩序进行调控，社会便能够自然地实现自由和平等。因此在亚当·斯密的眼里，整个社会就构成了市场。社会的自主性立基于市场的自发调控，国家在这里只是充当确保安宁的"守夜人"，其主要任务是维护和保护市场社会，而不能进行干预。

亚当·斯密及其后继者开启了影响十分深远的自由主义市场观念。但是，随着国家在经济实践当中对市场进行扶持，市场自身日益无限扩展，问题也开始日益暴露出来。如果说亚当·斯密关心的还仅仅是财富增长问题的话，到了马克思那里，市场经济的扩张所带来的贫富分化，阶级斗争尖锐化，以及物欲横流，社会道德秩序沦丧等问题开始日益凸显出来。对于自由主义市场观念以及自我调节的市场制度给社会带来的严重后果和诸多灾难，波兰尼描绘和分析得尤其深刻。[①]当然，最为震惊西方社会和思想家的还是一次又一次的周期性经济危机。这些经济和社会危机促使思想家开始重新思考市场观念，试图构造新的经济思想。这其中最为著名的便是二战以后西方社会应对经济危机所出现的凯恩斯主义。

凯恩斯主义主张国家对市场进行宏观调控、加以积极干预。不过我们要看到，凯恩斯主义的国家计划干预，虽然触动了西方市场经济的自由主义传统，然而这并不意味着国家就真正对市场进行规制。需要注意的是，在国家对市场的计划干预之中，既有对抗也有合谋。这从战后西方国家市场的扩张以及消费社会的兴起等现象中即可见一斑。换言之，国家的计划干预在某种程度上反而促进了市场社会的发展。符平认为市场社会的情形是市场湮没了社会（一种极端情况），市场变得以社会的唯一组织逻辑而存在，不仅整合了人类的生计领域，还整合了社会，导致真正的社会空间日渐逼仄；人性自身的价值被诋毁、抹杀，而交换价值至上的理念得到宣扬并被实践。[②]在这

---

①　波兰尼. 大转型: 我们时代的政治和经济起源. 冯钢, 刘阳译. 杭州: 浙江人民出版社, 2007.

②　符平. 市场的社会逻辑[M]. 上海: 上海三联书店, 2013: 24.

种情况下，国家的官僚机制以及市场当中的货币机制分别从国家与市场中溢出，侵入生活世界，成为人与人交往的基础和规范。这就是哈贝马斯所说的"生活世界的殖民化"。因此二战后市场和国家的共谋，导致了原本脆弱的社会遭受到前所未有的挤压。

在波兰尼看来，市场的价格机制对人类社会生活的侵蚀具有毁灭社会的倾向。社会因而会被迫展开自我保护或自卫。由此社会产生出诸如工会、合作社、工厂运动等各种社会规范和制度安排，通过反向运动抵制市场的扩张。波兰尼设想，市场侵蚀和社会自卫的"双重运动"的理想后果便是由社会来驾驭市场，而市场最终被社会所驯服，成为"受管制的市场"。①

尽管在现实中社会的空间遭受到了前所未有的挤压，但是在学术脉络上，市场、国家与社会的三分概念框架在二战以后却正是在这种"社会危机"的背景下得以逐渐形成的，并在一定程度上取代了传统上的国家与社会的二分概念，日益成为学者们分析经济和社会问题的重要视角。在这方面，布洛维对社会学马克思主义的发展，尤其是对葛兰西和波兰尼的理论进行综合，对公共社会学这一概念框架的确立做出了突出的贡献。

在布洛维看来，波兰尼的自我保卫的社会是一个"能动社会"（active society），它是在与市场的搏斗中产生出来并得以界定的。而葛兰西笔下的"社会"则是"公民社会"（civil society），它是在与国家既共谋又斗争的紧张关系中发育成熟起来。在葛兰西看来，西方的公民社会的一些组织团体，如工会、政党等等与国家之间的关系远比通常认为的要复杂得多。一方面，公民社会可能和国家合作遏止阶级斗争，由此产生出葛兰西著名的"霸权"概念。由于出现了"公民社会"，资产阶级国家遂能将支配与说服、统治与认同结合起来，从而使得权力的运作更加深入、更为有力。另一方面，"公民社会"又可能促进阶级的发育，推展阶级斗争。在布洛维看来，波兰尼与葛兰西分别确立了社会与市场，社会与国家之间的紧张关系。国家与市场在第三波市场化浪潮之下联手对社会加以挤压，保卫社会由此作为一个公共议题日益凸显出来，即社会要确立自己的自主性，抵制国家与市场的侵蚀。

然而，无论是在理论上还是现实中，社会自主性的确立唯有通过作为行动者的民众本身才有可能。在这一方面，图海纳的观点与波兰尼与葛兰西如出一辙。在他看来，只有把焦点放在行动者本身，透过其具体的存在来了解行动者，我们才能最接近那些机制；也只有通过这些机制，我们才能在与社

---

① 波兰尼.大转型: 我们时代的政治与经济起源[M].冯刚, 刘阳译.杭州: 浙江人民出版社, 2007.

会消费有关的行为之外，窥见到那致力于冲突的社会生产的行为。^①

我们厘清了这三者之间的复杂关系，便可以理解为何有的学者将市场交换也划归为公民社会的领域，而有的学者则坚决将社会与市场区分开来。我们在本书中借用的是布洛维的社会概念："我将其定义为……在国家和经济之外的结社、运动和公共领域——包括政党、工会、学校教育、信仰团体、印刷媒体和各种志愿组织。"^②

我们可以根据这里对国家、市场与社会这一框架的简单梳理，对公民社会做一界定。在我们看来，公民社会是相对独立于国家和市场之外的人们的生活领域。人们的交往与行为遵行的是一套不同于科层制逻辑以及市场价格机制的相对自主的生活秩序。例如，西方社会的某些狂欢节日，从国家的运作机制来看，这是对科层体制的背离，破坏正常的社会秩序的行为，而从市场的逻辑来看，这是一种浪费资源的无益行为。但是，社会本身有自己的逻辑，这种狂欢性的节日，为我们理解涂尔干意义上的"集体欢腾"提供了一个契机，使人们重新感觉到社会纽带的存在，能够唤起人们的团结意识和身份认同感。因此，我们要尝试从社会场域自身的逻辑，而不是从外在场域的逻辑来理解社会。

4.1.2　日本公民社会的历史沿革

我们在叙述日本公民社会发展的历史时往往面临着一个困境，即任何一种历史叙事本身，都不仅单纯讲述日本社会发展的事实，而是从某种视域出发的叙述，带有某种价值预设。但是，我们在此只在于唤醒一种自觉，绝非要走到历史主义或相对主义的地步。

就日本公民社会的发展而言，我们也可以看到其最初的推动力来自国家与社会之间的对抗与合作。市场与社会和国家之间的复杂关联则是在二战以后，尤其是伴随着日本经济的腾飞才日益凸显出来的。一般而言，国家与社会的制衡关系集中体现在两点：其一，国家需要从社会汲取资源，维持其自身在国内、国际局势中的生存乃至扩张的需求。另一方面，国家需要从社会那里获得自身合法性，这恰恰给予了社会以自主空间营造和发展的可能性。因此，社会面对国家汲取资源的行为，能够利用其对国家权力运作的合法性来获得自我保护和抗争的权力，进而从国家那里赢得其自主发展的空间。而市场与社会之间的关系在晚近则更多表现在各种对抗性运动之中。市场与国

---

① 杜汉. 行动者的归来 [M] 舒诗伟，许甘霖，蔡宜刚译. 台北：麦田出版社，2002：244.

② 布洛维. 公共社会学 [M] 沈原译. 北京：社会科学文献出版社，2007.

家之间的关系则非常微妙，这在具体分析中便可以看到。

16世纪以降，现代性作为一种生活方式逐渐在西欧形成。伴随着欧洲与世界其他区域的经济贸易往来、军事扩张以及建立殖民地扩张，现代性的生活秩序逐渐从欧洲扩展到世界各地。早在16世纪，欧洲人特别是西班牙人、葡萄牙人和荷兰人等便纷纷来到日本进行贸易和传教活动。幕府统治之下的日本出于沦为西方列强殖民地的忧虑，从16世纪末开始至17世纪中叶结束，开始奉行闭关锁国政策。持续两百年之久的"德川和平"依靠的是幕府对外闭关锁国，对国内潜在对抗集团的经济力量和军事力量进行压制。德川时期，日本国内社会统治的特征在于，幕府虽然允许各藩等地方权力即相对自治，但却给它们套上了各种经济枷锁，而且设立了各种地方机构，防止对德川家族进行军事性对抗。武士阶级也逐渐官僚化，除此之外，全体国民实现非武装化。国民非武装化的彻底程度对后来的日本社会影响深远。许多人认为，日本社会动辄对国家就表现出顺从、协调与合作的态度，其重要根源之一便在国民非武装化。

幕府虽然在这一时期是名义上的中央政府，但是其征税能力和军事力量都非常弱，对社会的汲取能力也相当有限。德川幕府的统治权力仅限于直辖领地，而包括德川家族诸藩在内的各藩统治也尚未渗透到村落自治的内部。我们权且将这一时期的国家—社会的关系归纳为一种"弱国家—弱社会"的模式。严格而言，这一时期的中央政权或社会，都不能以现代的"国家""社会"等术语来进行诠释。中央政府不具备现代国家的军事化、官僚化、法律、主权等特征，而社会领域也并未分化出来。

闭关锁国终究抵挡不住外国列强的坚船利炮，日本最终被迫开关。日本自此被强行纳入世界体系之中。经过倒幕运动，日本建立了明治政府，并从1868年开始学习西方发达国家的政治、经济、军事和文化教育等制度，并施行了一系列变革。为了使日本在政治体制上能适应资本主义发展的需要，明治政权通过奉还版籍，废藩置县，建立现代官僚体系等方式，力图建立现代意义的中央集权式民族国家。与此同时，废除不利于商品经济发展的旧有政策法令，颁布了促进商品经济发展的法令和政策，以此来促进现代资本主义工商业的发展和全国统一市场的形成。正如笔者在上一节所强调的，国家—社会这一理论框架并不具有超时空属性，而是现代意义上的各个领域分化之后的制衡关系。因此，日本真正意义上的现代国家正是形成于此时。同样，现代意义上的"公民社会"也正是在此时才开始逐渐孕育成长。

我们发现，日本在现代化的一开始所形成的就是一种"强国家—弱社会"的模式。改造传统的社会结构，同时取得社会的合作，以便国家从社会汲取资源用于国家建设，这似乎是新兴国家在发展道路上不可缺少的一个环节。明治政府以国家受到外来威胁，实现"富国强兵""文明开化"和"殖产兴业"等为正当化理由，介入和动员新生的公民社会。具体体现在税务局、邮政局、学校等一系列现代国家制度的确立。社会则被要求从属于国家的正当化目标，接受国家的领导。例如，地主和士族在中日甲午战争时期停止了反政府运动。在野党在日俄战争时期也向政府靠拢。这进一步加强了明治政府的国家主导社会的模式。

大正民主时代，国家垄断资本主义、中小企业的发展和人口流动等因素为日本白领阶层的兴起提供了条件。新的历史潮流推动新中产阶层登上历史舞台。新中产阶层在政治上倡导扩大选举权、缩小军备，主张放弃满洲，宣扬政治民主。新中产阶层很快成为日本各大政党竞相拉拢和争取的对象，也成了大正年间各种社会运动的主体。自一战之后，"解放"与"改造"的口号便成为日本民众的社会诉求。但是，大正末期的新中产阶层，由于在追求富裕生活上受挫，目睹腐败的政党金权政治，在"躁动"的情绪下，开始迎合法西斯主义的宣传，对国家改造运动产生同情和共鸣。[1]总体而言，这一时期日本的社会结构虽然已经发生了剧烈变化，但是新生的中产阶级并不具备一个足够健康和稳固的社会基础来推动国家的变革。

20世纪30年代初到50年代末这30年的时间决定性地夯实了日本的"强国家—弱社会"传统。在这一阶段，国家为了推行对外军事扩张需要大规模的动员社会资源，广泛地对社会领域加以干预。日本学者指出，"当战争日常化时，国家逐渐将社会视为自身的工具。社会的一切都必须为了国家追求崇高的目标而从属和服务于国家。这种思想逐渐占据绝对优势。"[2]

国家增强了其官僚主导的色彩，战争动员登峰造极：政府为了防止萧条发生，大幅度限制金融业，并且鼓励企业实行系列化，同时采用计划动员的方式管理经济，以便支持对外战争。侵华战争期间，日本全国更是出现了举国一致体制和赞同翼赞体制的倾向。[3]不过，我们也应该看到，社会也得到

---

① 陈秀武. 论大正时代的新中产阶层[J]. 日本问题研究. 2002(2).

② 猪口孝三. 国家与社会：宏观政治学[M]. 高增杰译，北京：经济日报出版社，1989：105. 我们在这一部分参考了猪口孝三先生的著作。猪口先生从多个角度对日本国家与市民社会关系做了分析，颇为详细。不过，笔者不赞同猪口孝三先生将"国家—社会"这一模式普遍化的倾向，在我们看来，他忽略了这一模式是现代性的一种制度框架，是现代社会各个领域分化之后的产物。

③ 翼赞体制：日本强化法西斯统治的体制。1940年10月日本政府网罗统治阶级各阶层，各派系的代表人物，组成统一的法西斯组织"大政翼赞会"，并成立一系列"翼赞"组织，归大政翼赞会统一领导，使之成为军阀官僚的辅助机构，将日本置于法西斯军阀的控制之下。

了进一步发展。因为国家的发育在政治上不可避免地导致人民的政治参与，促使政党参与竞争执政。议会选举政治提供了一个社会与国家交流的平台。政党参与的许多制度性措施一直持续到日本战败之后。

日本战败之后，在美国的授意之下，推行变革体制，改革制度和非工业化的政策。日本之后再次以国家主导的形式致力于工业化。日本在国际政治、经济秩序中的弱势地位，使得这一时期社会对国家主导型发展的抵触比较小。战后，官僚组织中的财阀、军部、政治势力等遭到打击。不过，国家主导的作用不是直接表现为积极开展外交活动和参加战争，而是表现为努力发展经济，树立世界经济大国地位。以大藏省为中心，包括通产省、建设省、运输省、农林省、邮政省在内的经济官僚组织规模发展迅猛。由于战争破坏和战败，日本需要大量的投资重建经济和工业化，经济官厅以筹集资金和分配资金为杠杆，起到了促进战后日本经济增长的重要作用。20世纪70年代，民间资金不足的状况不复存在，相反却出现了资金过剩的情况。经济官厅的影响力不再存在。但是，尤其是在国际竞争能力的变化速度、汇率变动暴跌猛涨、投资环境急速变化的情况下，经济官厅作为政策领导人的作用逐渐凸显。

战败之后的日本民众迫切希望重新参与到国际社会。为了实现这一愿望，国家进一步强化了其主导作用。日本在二战后颁布的新宪法有利于社会力量的组织化和民间组织的发展。1946年的日本新宪法规定保障公民的结社自由。日本政府在现实中则主要是依靠民法对公民结社的行为加以调整和约束。但是在美苏冷战的大格局之下，加之受社会主义和共产主义思想的影响，各种政治运动频繁发生。日本政府受到冷战思维以及传统的治理思维的影响，对以政治运动形式出现的民间组织（尤其是工会组织）充满了敌意。政府税赋优惠的主要对象是由大公司支持的仅限于科技研究的各种基金会的资助对象。在这一时期，经济或市场日益从政府的掌控中摆脱出来，获得了相对的独立性。尽管受到新宪法的鼓励，生活协同组合等许多社会组织纷纷在这一时期成立。但是，总体来看，这一时期的社会力量却并未得到有效的发展，也不足以平衡政府和市场的力量。

20世纪60年代之后，日本跻身于世界经济大国之列。日本经济对世界经济的影响亦不容小觑，其与国际经济之间的往来与依存关系也日益加强。伴随着经济国际化的深入发展，日本的国家与社会关系格局也在悄然发生变化。此外，国际局势的变化也强化了日本的国家主导模式。日美两国同盟的"免费蹭车前提"与和平宪法提出的"和平之岛前提"已经不可能再继续持续下去。美国占有绝对优势并充满自信的时代已经过去，美国开始要求盟国负担起安全保障的责任。美苏冷战，国际局势的剑拔弩张都需要国家加强对外防御，同时维持国内秩序。国家再次走上前台。同时，国家与社会的关系进一步复杂化。一方面，在国际金融贸易和海外投资方面，国家对社会的保护体现出间接化趋势。但国家主导的传统仍然没有改变。另一方面，社会不断扩大活动领域，逐渐超越其民族国家的界限。这一时期，恰恰是由于市场的国际化和自由化，削弱了社会与国家之间尚且存在的某种有机关系。脱国家的社会运动、脱国家的国际组织以及超越国家的企业和金融组织一起急剧增加。[1]

到了20世纪的80年代，受到"福利国家危机"和新自由主义思潮的影响，日本政府开始逐渐将无法提供的公共服务部分交由社会上的非营利组织去执行。而进入20世纪90年代，日本遭受严重经济危机之后，国内经济低迷不振，进出口贸易萎缩，经济增长总值降到历史最低点。政治上频繁更迭、社会上失业率增高，老龄化问题严重。滥用杀虫剂、化学肥料、食品添加剂等所带来的环境问题和食品安全问题，高速路、新干线、机场、发电厂等基础设施建设所导致的负面效应等问题，都严重影响到了日本民众的日常生活。

鉴于此，日本政府开始实行规制改革。其中的一项重要改革措施是弱化政府权力对市场和社会的干预。在经济或市场方面，政府进一步放宽对企业的管理或规制，给予企业自主控制其生产经营的权力，并给予企业制定产品规格、标准的自主权。自主规制在个别领域甚至取代公共规制。自主规制是指个别企业和业界单位自行制定安全基准和行为准则，签订模范合同，对企业的生产经营进行有效控制。自主规制主要包括三种类型，其一是以直接规制为基础的自主规制。这种规制必须通过实体法来体现，通常见于执法过程之中。政府执法部门为确保公共利益的实现，首先会根据法律规定，采取软规制手法对企业的行为加以控制。如政府在缴税时，通过向企业发送劝告书、督促状等方式来实现这一目的。在这种规制中，强制手段或公权力是最后才会诉诸的方式。其二则是根据行政指导制定的以行政诱导为基础的自主规制。在这种情况下，即使企业违反了自主规制，行政机关也不能行使公权力。因此，这种规制依赖于企业的商业道德，以及自主规制团体的能力和权限。其三则是纯粹规制。由于各类自主规制的差异很大，地区与行业之间的标准难以统一化，导致企业间的安全信息交换和安全基准在原则上难以具有

---

① 猪口孝三. 国家与社会: 宏观政治学 [M]. 高增杰译. 北京: 经济日报出版社, 1989: 107.

切实的法律效力。在此情况之下，自主规制只能作为公共规制的补充。①

随着食品安全日益成为国家、社会的焦点问题，自主规制也被应用到食品安全领域。同时，当消费者的风险意识不断加强，自我保护理念开始形成，如何从以警察介入为基础的实体法上的传统规制转变为积极的食品和环境安全的风险规制，就成了必须思考和解决的问题。

4.2　日本生协的历史地位

从上面简短的知识传统梳理和日本公民社会发展的背景介绍中，我们已然可以看到公民社会、国家和市场相互之间的关系非常复杂，并不仅是我们所想象到的那样纯粹是对抗或合作的关系。譬如，人们通常习惯于将市场与社会的关系简单地概括为一种对抗关系。但是，就日本社会而言，市场与社会之间的关系并非对抗性的关系。社会也曾一度借助市场而从国家那里赢得其自主发展的空间。研究者要看到日本生协的发展历程所折射的市场、国家与社会这三者之间的复杂关系，须将其放到历史当中来考察。这要求我们简单勾勒一下日本生协在日本公民社会发展上的历史地位，同时注意到生协在不同的阶段所彰显的公民社会与国家、市场之间的复杂关系。

从历史上来看，首先，日本生协折射了日本公民社会百年来的历史发展进程。如前所述，日本公民社会是在日本现代化过程中逐渐发展起来的，最初主要是通过与国家之间的合作与对抗来界定自身。公民社会与国家的张力一直贯穿于日本公民社会发展的始终。而日本公民社会与市场的紧张关系则是在二战以后逐渐凸显出来的。通过第二章对日本生协历史发展状况的介绍，我们看到最早的日本生协组织正是胎生于明治维新时期国家所主导确立的现代制度框架。由此，日本最终形成的是一种"强国家—弱社会"的模式。社会组织被要求从属于国家的富强御侮等目标，从属于国家的领导。因此，这一时期日本的社会基础还相对薄弱尚无足够的能力从国家那里赢得自主空间。

不过，许多社会运动在这一时期已经萌发，而生协组织的活跃本身就是公民社会勃兴的一个表现。但是，彼时的生协组织尚不构成足够的规模与组织能力，没有在日本民众之中真正扎下根来，因此很快便了无踪迹。而国家的角色具有策略性，即通过提供政策和法律框架并借助于这些民众组织来治理社会和汲取资源。日本生协的第一次大发展是在"大正民主"时期。这

---

① 刘畅. 从警察权介入的实体法规制转向自主规制[J]. 求索，2010（2）：127.

一时期，新兴消费组合，如雨后春笋般相继成立。因此这一时期也如劳动者生协、民众型生协等是日本民众社会获得发育的时期。然而，伴随着战时日本军国主义的推行，一切服务于战争动员，日本生协运动遭到了毁灭性的打击，民众社会完全丧失了自主性。

伴随着战后资源短缺之际的黑市炒作等战后日本市场的许多不规范行为的日益增多，一直到20世纪60年代以后市场经济的进一步发展，日本的生协运动在与市场的对抗之中再次发展起来。不过我们更要看到的是，市场经济的发展同时为公民社会的发展提供了契机。不仅表现在日本民众通过与市场的对抗获得了表达其利益的渠道以及组织化的契机，更为重要的是，市场的扩大将社会的活动空间从民族国家范围向外延伸。例如，我们可以看到许多生协组织所开展的国际交流与合作，实际上是为它自身赢得了民族国家之外的更大的自主空间。

20世纪60年代末以来开展的日本生协运动，最初着眼的是与民众生活息息相关的日常生活，或者也可以更直接地说是解决温饱问题。因此，斗争形式也主要是通过揭露不法行为、抵制购买、组织共同购买运动等。但是，随着生协运动进一步发展，及其在民众中的影响力不断加强，生活者运动开始延伸到生活的各个方面，甚至将影响力延伸到政治选举领域，进而逐渐成为日本社会不可忽视的一股政治力量。因此，伴随着日本生协对政治领域的广泛和深入参与，公民社会开始积极在其与国家的对抗与合作关系中来界定自身。因此，日本生协的发展历程所折射的正是日本的公民社会在与国家和市场的对抗之中逐渐赢得其自身的自主空间的过程。换言之，日本公民社会的发展正是反映在这些民间组织及其所开展的社会运动和政治运动之中。我们纵观日本历史不难发现，生协发展之时也是日本公民社会发展之时，而生协运动遭受打击之时，也是日本公民社会丧失自主性之时。

其次，日本生协延续了日本社会的共同体传统，并将其转化为推进现代化的一个动力源泉。众所周知，日本社会有着诸如家共同体，村落共同体等强烈的共同体传统。一般而言，无论是家共同体，还是村落共同体，都不过是传统小农经济的伴生物，无法满足现代工业社会的要求。因为从现代社会的市场来看，它要求的恰恰是解构地域性和家庭性的单位，要求人们参与到市场上的自由流动的雇佣关系中来。另一方面，现代国家以及公司组织的科层体制要求事本主义的原则相契合，即排除任何私人之间的感情，根据组织内部的分工以及纪律来安排人们的人际关系。因此，家庭、村落共同体的熟人关系以及粗放的分工关系都无法适应现代科层体制的制度要求。而这两个方面实则可归结为一个方面，即现代社会的制度架构，无论是国家，还是市场，要求的都是一个个原子化的、孤立的陌生人来直接面对客观化和程序性的制度框架。它们都以对前现代的家庭共同体、村落等共同体内部的人际关系的瓦解为前提。

总之，工业化和城市化被认为是一种与共同体文化背道而驰的关系。但是，20世纪50年代以来的组织研究和文化研究已经大大纠正了这一观点。在这方面，尤以对日本的这种共同体文化在现代制度框架内的转化为研究热点。不过这些问题超出了我们的论题。我们仅就日本生协组织对于传统的延续以及它在日本现代化进程中的作用进行分析。

我们的基本观点是，日本的共同体文化传统通过日本的生协组织已经转化为日本现代化的一个动力机制。我们在这里并不想否认，日本自给自足的共同体经济以及传统的生活方式和生活态度，包括传统的人际关系都发生了深刻的变化。二战以后，尤其是20世纪60年代以来的个体化进程，日益将人们从既有的阶级、阶层、家庭等共同体之中剥离出来，由此所带来的是个体的制度依赖，体现在对福利国家的依赖，对科学技术专家的依赖等。这种新情况一方面瓦解了日本社会旧有的社会纽带，不过在另一方面，日本民众在这种新情况下，又复活了传统社会的某些社会组织方式，将其融合到现代社会之中。以日本生协今天广泛采用的共同购买为例：

> 共同购买是透过消费者与生产者直接的对话，协助彼此解决问题，并找回人与人之间失去的互信，透过对生产环境的亲近与了解，填补人与土地之间失落的情感，学习认识自己在生态系中，所应有的位置，应尽的责任和应享的权利。①

日本在战后大力发展经济，大量劳动力涌向城市、企业、工厂，男性走出家庭被纳入高度流动性的社会网络之中，而妇女则依旧多从事在家照顾孩子和料理家务的工作。城市的建筑环境更是将人与人之间的关系变得陌生化、原子化。我们在此背景下再来看以"班"为单位共同购买的意义显得更加重要。邻近的5～7户家庭通常会构成一个"班"，构成日本生协的基层组织。以"班"为单位的预约购买不仅是为了方便日本家庭主妇节省购物时间，更为重要的则是通过社区中人与人之间的横向结合，透过那些所谓的"七嘴八舌"关于购买的讨论营造出一种熟悉的情感关系。而在这样的熟人

---

① 台湾主妇联盟生活消费合作社. 菜篮子革命: 从共同购买到合作找幸福 [M]. 北京: 生活·读书·新知三联书店出版社, 2017: 1-3.

网络中，人们相互沟通、交流信息，共同影响和塑造着一种新的生活方式。因此，以"班"为单位的预约购买大大增加了社区居民之间的互动，同时加深了彼此的相互联结。这正是共同预约购买的真正意义之所在。我们曾提到过日本生活俱乐部生协比其他生协组织更为坚持以"班"为单位的购买形式。这是因为他们认为"班"可以培养居民的社会及政治能力，不会轻易被资本主义渗透，也能真正落实独立自主。[①]

再次，日本生协提供了日本民众表达其公共利益的机会。二战以后，日本经济的起飞逐渐孕育出一个庞大的中产阶层。该阶层以白领雇员和政府公务员为主。一方面，中产阶层是日本经济的受益者，并不希望改变现状，具有较强的保守性。另一方面，中产阶层的兴起必然要求表达其经济和政治等方面的利益诉求。而食品安全问题或消费问题恰好提供了一个良好的契机。中产阶层一般倾向于物质享受和商品消费，成为日本消费市场的主要刺激者与带动者。而保守的他们并不热衷于政治活动，他们之所以介入政治，最初主要是针对消费方面的问题与市场调节失灵困境。因此中产阶级是在与市场的抗争中逐渐进入政治领域的。他们由此要求通过政治手段乃至政治变革来表达其现实利益诉求。为了表达和维护自己的利益，日本中产阶级通过组织各种民间团体等组织化方式，发起社会运动、政治运动和参与选举来发挥其现实的影响力。以生协为代表的民间团体为日本公民社会的形成与发展奠定了基础。[②]在这方面，持续40年之久的生活者运动更是对于日本公民社会的发展功不可没，同样也促进了国家提出治理食品安全的战略。在消费者的努力和生活者运动的影响下，1968年日本政府制定了《消费者保护基本法》，将基本姿态从重视生产者改为了重视消费者，表明了保护消费者的方向。又在1970年设立了"消费生活中心"，专门处理来自消费者的投诉。

不过我们也要看到，生活者运动归根结底是一场以中产阶级为主体的温和的社会变革运动。这些活动只是在既有的政治制度框架内来表达自己的利益，所关注的问题也大多涉及民生问题。中产阶级并不愿激烈地触动既有的政治或经济制度框架。从某种意义上看，这种社会结构是有利于社会稳定的。

---

① 横田克己. 日本消费合作社连和会（日生协）简介［EB/OL］.（2009-08-10）［2009-08-10］. http://bbs. nsysu.edu.tw/txtVersion/treasure/mpa/M.855789184.Q/M.870060666.A/M.870060770.A.html

② 杜伟, 唐丽霞. 析日本新中产阶级的形成与社会影响［J］. 贵州师范大学学报（社会科学版），2004 （3）.

4.3 日本生协之于公民社会的现实意义

研究者评价日本生协之于公民社会发展的意义，不仅要看到其在历史中的地位，更要看到其在当代日本民众生活中的现实影响。日本生协组织通过扎根于民众的日常生活促进社会力量的自组织以及公民社会的发展。总体而言，日本生协组织之于公民社会所彰显的现实意义主要体现在以下几个方面。

其一，日本生协作为民众的一种自我治理方式，有利于社会的稳定发展。

日本民众参与生协组织的目的在于是希望不再仅仅作为被动的消费者，而是希望通过参与到生协组织中，通过相互合作发挥自主性。通过成立通力协作、自我照看和自我治理的团体，是消费者改变自身相对于经营者和企业的弱势地位的一种重要途径。在消费领域中，虽然从法律上赋予每个人以平等的地位，但实际上，因经营者具有经济等方面的优势，作为单独个体的消费者往往无力与经营者对抗，这就需要消费者有组织地参加消费者保护工作，建立一个能够有效维护每一个消费者合法利益的团体。[①]这一点在生活俱乐部等生协所开展的劳动者合作事业中有着最为集中的体现。

4.3.1 劳动者自主合作事业的发展

关于生活俱乐部生协劳动者自主合作事业的具体发展情况，可参见下图4-1。[②]

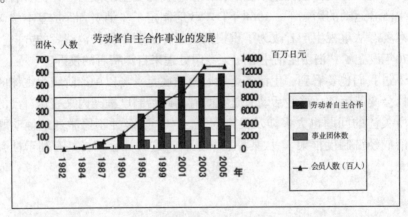

图4-1　生活俱乐部劳动者自主合作事业发展情况（1985—2005）

---

① 彭华民主编. 消费社会学 [M]. 天津: 南开大学出版社, 1996: 264。

② 日本生活俱乐部. 日本生活俱乐部简介 [EB/OL]. (2007-09-18) [2007-09-18]. http://www. seikatsuclub. coop/chinese/chainese_seikatsuclub20070918. pdf

我们看到，劳动者自主合作事业在20世纪90年代得到了飞速的发展，自21世纪以来开始趋于平缓。日本学者横田克己这样评价这一事业的目的：

"劳动者自主合作事业"与生活俱乐部不相隶属。按现在已诞生的一些"劳动者自主合作事业"，其经营内容各自不同，但理念是一致的。一般来说，由于生活技术薄弱，不少人在当地处于孤独的状态，不得不依存于资本及政府提供的服务，而"劳动者自主合作事业"透过发掘小区内生活者的潜力，使各自劳动者的价值得到交换，达到不依存他人来解决问题的目的。[①]

简言之，民众之所以选择加入生协，就是要自我管理日常生活事务。20世纪90年代以来，在日本经济持续低迷、政坛更迭频繁的情况下，日本社会却仍然保持了很高程度的稳定，这与日本公民社会的发达是密不可分的。而我们看到20世纪90年代也正是日本生活俱乐部的劳动者自主事业迅速发展的时期。正如我们强调的，日本生协的社会运动和政治活动在本质上代表的是中产阶级的利益诉求，使得生协即便是参与政治，也是以温和的改良为特色的，而这显然有利于社会稳定。

其二，日本生协推动了民众生活方式和生活观念的变迁，重塑生活秩序。

韦伯认为，"自由"市场，即不受伦理规范制约的市场是各种利益碰撞、各种垄断地位的表现以及讨价还价的场所，因而与各种家庭伦理格格不入。与所有根源于某些兄弟般或者血缘关系的尺度为前提的共同体截然相反，市场本质上与任何兄弟关系无关。[②]也就是说，资本主义经济体系中的自由市场的逻辑从根本上来说与公民社会的逻辑是逆向而行的。而我们在前面就强调，公民社会的自主性正在于它能够在市场的货币机制和国家的科层体制之外建立自己的逻辑，即一种自主性的生活秩序。我们注意到，日本的各个生协组织实际上都有意识地将改变民众的生活方式作为一个重要的目标。

4.3.2 探索"另一种可能性"

1985年生活俱乐部生协在横滨建立了名为"另一种可能性"的生活馆。可能性源于英文"Alternative"，原意是"从几个可能性中选择"或"另一

---

① 横田克己. 日本神奈川生活俱乐部的发展史［EB/OL］.（2009-08-10）［2009-08-10］. http://bbs. nsysu. edu. tw/txtVersion/treasure/mpa/M. 855789184. Q/M. 870060666. A/M. 870060771. A. html.

② 韦伯. 论经济与社会中的法律［M］. 张乃根译，北京：中国大百科全书出版社，1998：161.

种可能性"。生活俱乐部选择这个名字，就是有意识探索生活方式的表现。横田克己指出该馆的宗旨在于：

> 我们不按旧有的方式生活，要以自己的主体开创多样性。更重要的意义是要摆脱既存的秩序和强制性的价值体系。……当人们意识到自己处于被动的地位，要改变生活方式时，究竟应追求何种新的方式？每个人的期望在具体内容上可能是一致的，但我们不能统一规定每个人非吃无农药的蔬菜、自然食品不可，也不能叫所有的人去复古。我们的意思并不是要对产业社会作单纯的反对，而是要追求一种尊重生活者主体的"另一种生活"。①

这正是我们在上文所指出的，生协组织并不是要代替国家或者其他组织来惠泽民众，而是力求培养民众自我管理的能力。在这样一种宗旨下，人们自我管理的意识和行动得以破茧而出。因为"另一种生活"的理念在行动条件上面临诸多困境，此类理念的诞生实际上是非常不易的，正因如此其现实意义更为突出。我们从鲍曼的精彩论述中便可知这样一种尊重生活者主体的"另一种生活"为何难以产生：

> "在我们的行动或不行动带来的结果和影响中，相对而言，只有一小部分在伦理上受到了道德情操的控制和指导；我们几乎没有考虑到，当前的行动给直接的对象或参与者之外的人可能带来的影响。另一方面，就我们而言，只有相对少数的关于他人痛苦的信息清楚地表明，我们该怎样帮助他人，尤其是怎样从根本上帮助他人。现存的许多道德知识都阻碍了行动的承诺，因为我们的所作所为会有什么真正的意义，这并不十分明显。"②

其三，日本生协是将民众锻造成公民的场所，也是普通居民实践民主管理、民主经营和民主监督的场所。

公民社会中的"公民"是有所特指的，而不是泛指人类个体。社会学或政治学意义上的"公民"指的是具有某种社会认同和政治参与意识的，享有一定权利，并履行相应义务的自觉主体。就构成公民社会的公民来说，他们分享某种社会认同，并积极参与政治，为属于他们自身的社会赢得自主空间。这几点至关重要。一旦公民社会被视作能够调节其他制度秩序的载体，

---

① 横田克己. 日本神奈川生活俱乐部的发展史 [EB/OL]. (2009-08-10) [2009-08-10]. http://bbs.nsysu. edu.tw/txtVersion/treasure/mpa/M. 855789184. Q/M. 870060666. A/M. 870060771. A. html.

② 鲍曼. 被围困的社会 [M]. 郇建立译. 南京：江苏人民出版社，2005：227.

那么在其实现方式中的关键要素将会是需求系统在国家的程序权利框架下得以进行表达，而程序权利允许利益、角色、价值观和自愿团体成员的实质性差异的表达。没有能为指控的违规提供辩护的司法过程，人们所能享受到的"公民权"就会是很脆弱的。[①]而我们在第二章考察日本生协的组织结构时就指出，它在制度安排上处处折射出民主色彩，不仅围绕日常生活问题，就生活方式和生活观念的塑造营造出某种社会认同，而且在组织运转上也践行民主管理的理念。这一方面体现在生协组织的制度安排，如自由自愿加入退出原则，以及劳动者合作事务、自主管理监察制度，以及各级生协组织之间计划性与独立性相结合的组织形态，有意识地为会员提供民主管理和民主监督的实践机会。

另一方面，日本生协对公民的铸造更体现在其所开展的各种社会活动和政治运动当中。这些运动给予了日本民众直接参与社会、影响政治的途径，是日本民众实践民主的方式。这突出表现在选举政治代理人和改革地方议会的活动方面。日本学者认识到政治并不能为政府官员及专业技术员所独占。生活者本来就具有这种智慧，我们自己推出议员，即是基于"主权在民"的理想。[②]

上述生协的组织安排或组织活动促进了民众对生协组织的关心和积极参与，也培养了合作和自主精神。这些都是一个民主社会中合格公民的基本素质要求。

其四，日本生协的活动承担国家与个体之间的中介者角色，并在国家与社会之间产生制衡关系。

日本生协在生协法的框架之下开展各类活动，一方面可以将普通民众的意愿通过直接请愿或选举政治代理人的方式集中传达到国家那里，同时还可以将国家涉及食品安全的法律政策等措施，通过组织内的消费教育和消费指导活动为民众所熟悉。就此而言，日本生协缓和了个体与国家之间可能出现的直接对抗关系。

具体而言，日本生协的政治参与以建设性为主，有助于在国家与社会之间营造某种良性互动的关系。在日本社会广泛存在的生协组织，无论是有意还是无意都在推动着一种国家与社会之间的和谐共生关系。而生协组织的各种活动则是实现这种关系的行之有效的途径。日本公民社会发展的契机最初不是在政治运动当中，而是在看起来不起眼的民众日常生活问题上，如以

---

① 乌斯怀特, 雷. 大转型的社会理论 [M]. 吕鹏等译. 北京: 北京大学出版社, 2011: 190。
② 横田克己. 日本神奈川生活俱乐部的发展史 [EB/OL]. (2009-08-10) [2009-08-10]. http://bbs.nsysu. edu.tw/txtVersion/treasure/mpa/M. 855789184. Q/M. 870060666. A/M. 870060771. A. html.

揭露企业在生产和销售环节中存在着的不正当行为、不公平价格，以及抵制某些商品的购买等活动为主的消费者运动，以及共同购买活动、"肥皂运动"、垃圾减量运动、再生利用运动等所构成的生活者运动等等。

生活俱乐部的会员们认识到，议会上讨论和决定的法律、条例涉及衣、食、住、医疗、护理等生活的方方面面，而自己的生活就是由这些法律、条例所左右的。要想将民众的声音反映到政治中，必须亲自参与政治、变革政治。生活俱乐部和生活者网络搭建了民众与议员共同商议地方政治和行政的平台，她们广泛吸收民众意见，与各自不同立场和利害关系的人沟通，寻找解决对策。①

此外，生协还积极承担了养老、食品安全检查等原本由政府负责的社会事务等等。而这些都有助于培养民众之间的合作精神和社会认同。

---

① 胡澎. 日本社会变革中的"生活者运动"[J]. 日本学刊, 2008(4): 104.

第5章 政府监管：中国食品安全治理模式（1979—2000）

我国对食品安全监管一向给予高度重视，但是食品安全问题却一直没有得到切实有效的治理。近些年来，食品安全事件的频繁发生，不断地触动整个社会的敏感神经，更充分暴露出我国食品安全监管体系存在着严重的缺陷。完善食品安全监管体系的建设，加强食品安全问题的治理，已经成为从政府到媒体到普通民众的共识。问题在于，我们如何看待这一缺陷的根源，如何提出合理可行的建议？对此，有必要先回到我国食品安全治理的模式上来。

5.1 1979—2000年的食品市场及安全状况

食品安全问题早已有之，自20世纪80年代以来，我国就出现过诸如甲肝病毒、二噁英、红汞、甲醛（福尔马林）、激素、面粉添加剂（过氧化苯甲酰）、面粉漂白剂、假酒（甲醇）、洗衣粉油条、陈化粮、苏丹红、瘦肉精、铁酱油、毛发酱油，三聚氰胺奶、抗生素肉类、染色馒头、毒豆芽、地沟油、塑化剂等众多食品安全事件。如今，食品安全事件频发，人们对食品安全问题的关注也达到了前所未有的程度。

既然存在食品安全问题，食品安全监管自然也是社会服务和管理的题中应有之义。自20世纪60年代起，我国第一部食品安全监管条例出台，到2009年新《食品安全法》的修订，食品安全监管已经历了近半个世纪的时间。在这期间，食品市场、食品、消费者、法律法规等发生了较大变化，食品安全监管模式在不同时期也因此呈现出不同的特征。具体而言，改革开放前到2000年的这段时间内，食品安全监管主要呈现出政府全能主义监管的模式，而2000年后至今，食品安全则逐渐向多元协同共治模式转变。

5.1.1 食品市场特征：食品产能逐渐增大，种类趋于多样化

改革开放之后，随着人民温饱问题的基本解决，小康社会建设步伐逐步推进。以往计划经济时期商品市场不景气的情况得到极大改善，以往只能满足温饱的农产品大量剩余，食品加工业以及市场的开放也导致食品大量涌入市场。食品消费量增加，食品工业发展迅速，食品类型大幅增加。具体来说，这一时期食品市场主要表现出以下几点特征。

首先，食品加工业持续发展，食品产量大幅度上升。截至2001年，全国食品工业企业达19 316个，食品工业总产值年均增长率超过10%。各种副食品产量居世界前列。以1998和2001年食品市场部分食品生产、供给情况为例，如表5-1各种食品生产和供给增长速度都较快。

表5-1　1998年和2001年食品市场生产、供给量及增长率（单位：万吨）

	食用油	鲜肉	糖果	饮料	味精	原盐	罐头	乳制品
1998	602	318	38	959	63	2 243	157	54
2001	856	381	39	1 669	91	3 109	174	105
增长率（%）	42.1%	19.7%	3.0%	74.1%	44.4%	38.6%	11.0%	95.1%

其次食品种类呈现出多元化且结构日趋合理的特点。比如，油脂品从单一级别油逐渐生产出色拉油、高级烹饪油、一级油等多个种类；奶粉生产开始系列化，产品种类增加。

再次，优质农产品种植面积增加，无公害、绿色产品、有机食品等"新概念食品"进入市场。自20世纪90年代开始，国家开始发展高产优质农业，并建立、推广农产品质量标准体系，大幅提高了农产品质量。以谷物农产品为例，大米的优质品率达到25%以上，优质、专用小麦的播种面积已经超过小麦总种植面积的20%，"双低"油菜的种植面积也达到油菜总种植面积的45%以上（林善浪，2003/138）。①

"新概念食品"包括无公害食品、绿色食品、有机食品等。最早提出"无公害食品"概念的是当时的北京市，1980年代初期，北京率先提出"无公害蔬菜"的概念，自此之后，无公害食品在全国推广开来。2001年初，农业部（今农业农村部）又启动了"无公害食品行动计划"，提出解决蔬菜、水果和茶业等污染物超标的问题，并规划利用8～10年的时间，建立起一套无公害食品安全生产体系，保证健康、无公害的食品生产和消费。

国家在大力发展无公害食品的同时，还启动了"绿色食品"发展规划。

---

① 林善浪，张国[M].北京: 中国农业发展问题报告, 2003: 138, 77.

所谓"绿色食品"，是我国在20世纪90年代初推广的一种安全无污染的食品。此类食品坚持可持续发展的理念，按特定的生产方式，生产、加工、包装、运输各个环节严格执行专门机构认证的标准。1990年5月，中国正式宣布发展绿色食品，并在农垦系统率先实施。此后三年，在农业部（今农业农村部）的部署下，政府在全国建立起多个层级的绿色食品管理机构，并建立起了一套相对完善的产品质量评测标准和检测系统。绿色食品生产取得了显著成绩。仅1990年，全国就有127个产品获得绿色食品标志商标使用权。表5-2是1990年到1996年间绿色食品产业发展情况。

表5-2　中国绿色食品发展情况（1990—1996）

	1990	1991	1992	1993	1994	1995	1996
每年认证产品数	127	83	65	217	88	263	289
每年使用绿色标志的产品数	127	210	275	365	370	568	712

之所以绿色食品能够在中国迅速推广，并发展起来，主要原因在于[1]：

首先，大面积的耕地可直接用于生产绿色食品，或能被改造成为绿色食品的生产用地，且随着常规农业生产方式的改进，将有越来越多的耕地适合于生产绿色食品。其次，生产能保持在较大规模，成本及价格能控制在大多数消费者能接受的水平，市场规模可以得到迅速培育与发展。再次，社会效益明显：由于产量保持在接近常规农业生产方式水平，可以防止出现粮食短缺安全问题。同时绿色食品是技术密集型与劳动密集型的有机结合，可使农民就业问题得到有效解决，同时较好的现实市场与潜在市场也可以提高农民收入，从而有利于社会稳定。最后，环境效益相当可观并可持续增加：发展绿色食品本身就可以大大提高生态效益，同时绿色食品的发展为有机食品的发展创造了良好的物质基础。

绿色食品的迅速普遍推广加速了市场化进程。一些签约使用绿色食品标志的企业开始大力宣传绿色食品，市场覆盖面逐渐得到拓展。广大消费者对绿色食品的需求也日益增长。市场需求量的增加带动了企业开发绿色食品的积极性。企业数量、产品数、产量、销售额和出口额都大幅度增长。表5-3是1996年到2000年间中国绿色食品市场情况。

---

[1]　刘为军. 中国食品安全控制研究［D］. 西北农林科技大学, 2006: 55.

表5-3　中国绿色产品市场发展情况（1996—2000）

	1996	1997	1998	1999	2000
企业数（个）	463	544	619	742	964
产量（万吨）	363.5	629.7	840.6	1 105.8	1 500
销售额（亿元）	155.3	240.5	285	302	400
产品类别数（个）	712	892	1 018	1 353	1 813
出口额（亿美元）	0.09	0.71	0.88	1.3	2.0

www.greenfood.org.cn

5.1.2　食品安全状况：食品市场总体稳定，但存在一定的安全隐患

改革开放之后，食品限量供给、百姓需求得不到满足的情况有所改观。随着市场食品供应日益充足，居民食品消费量也大幅度上升。表5-4、表5-5是1978年到2001年部分年份城乡居民年人均主要农副食品消费情况。我们从表中数据可以看出，城乡居民食品消费量在改革开放后稳步增长，食品消费类型呈现多元化特点。其中，城镇居民生活水平提高，粮食消费量逐渐减少，但植物油、肉类、家禽、鲜蛋、水产品等副产品消费量则有明显增长。而农村各种农副产品消费量均有增长。

在由温饱步入小康的进程中，生活水平的改善提高了人们食物消费的标准。温饱型消费向小康和富裕型消费结构的变迁也逐渐改变了居民的消费观。人们开始逐渐关注消费的健康性、营养性和安全性。具体表现在四个方面：一是要求品质优良，营养丰富；二是在加工过程中，拒绝接受滥用食品添加剂、防腐剂和人工色素的食品；三是关注食品卫生安全，更加留意食品是否有农药残留污染、重金属污染、细菌污染等；四是关注食品包装材料是否会对食品产生污染。

表5-4　农村居民人均全年主要农副食品消费量（单位：千克）

	1978	1980	1981	1984	1990	1996	2001
粮食	248	257	256	266	262	256	238
鲜菜	142	127	124	140	134	106	109
植物油	1.30	1.4	1.89	2.47	3.54	4.48	5.51
肉类	5.76	7.74	8.70	10.62	11.34	12.90	14.50
家禽	0.25	0.66	0.70	0.94	1.26	1.93	2.87
鲜蛋	0.80	1.20	1.25	1.84	2.41	3.35	4.72
水产品	0.84	1.10	1.28	1.74	2.13	3.37	2.87

表5-5　城镇居民人均年主要农副食品消费量（单位：千克）

	1981	1984	1990	1999	2001
粮食	145.44	142.08	130.72	84.91	79.69
鲜菜	152.34	149.04	138.70	114.94	115.86
植物油	4.80	7.08	6.40	7.78	8.08
猪肉	16.92	17.10	18.46	16.91	15.95
牛羊肉	1.68	2.76	3.28	3.09	3.17
家禽	1.92	2.88	3.42	4.92	5.30
鲜蛋	5.22	7.62	7.25	10.92	10.41
水产品	7.26	7.80	7.69	10.34	10.33

1978年到2000年，是中国建设小康社会的重要起步期。这一时期，粮食安全问题逐渐隐退，但食品安全问题浮出水面。一方面，市场经济在这一时期尚未发展壮大，食品市场发展也相对不足，食品安全问题还并未显性化。另一方面，人们消费结构的改变，对食品质量的要求越来越高。同时，市场经济兴起初期出现的市场失序导致食品市场监管存在漏洞，企业生产经营者受利益驱使，出现一些有违市场规则和法律的经营行为。尤其是国际市场上出现的疯牛病、口蹄疫、二噁英和禽流感等食品健康问题，引起了人们对食品安全的关注，而国内出现的类似食品安全问题，也使食品安全成为社会公共话题。导致这种食品安全状况的原因，具体来说主要表现在以下几个方面：

首先，食品安全卫生标准初步建立，相关法律法规相继出台。1979年，中央政府出台《中华人民共和国食品卫生管理条例》，标志着我国政府对食品安全监管的正式开始。作为《食品卫生法》的前身，《食品卫生管理条例》的出台，使得国家对食品安全的治理有法可依。此后又经过修改，出台了《食品安全卫生法（试行）》。1995年，修改后的《食品卫生法》正式颁布实施，意在防止食品污染和有害因素对人体健康构成威胁，保障人民身体健康，增强人民体质。《食品安全法》从法律上对食品安全性提出了要求，并规定："食品应当无毒、无害，符合应当有的营养要求，具有相应的色、香、味等感官性状"。对食品本身应该具有的三个基本要素进行了规定[①]。此外，国家还制定了一系列的食品安全和认证标准规范等配套措施。比如，1992年制定的《绿色食品标志管理办法》。相关法律法规的出台为规范食品市场，保障食品安全奠定了基础。

其次，计划经济和市场经济双轨并行的转型期，市场运作缺乏严格的规

---

① 中华人民共和国食品卫生法［M］.北京：法律出版社，1995.

范，食品安全市场控制力不足。虽然食品安全法律法规的出台标志着我国食品安全监管进入了一个新的时期。然而，市场机制的不完善导致存在一定的监管漏洞。这一时期处于市场经济转型初期，市场环境缺乏秩序，准入制度不完善。对市场环境控制的不足导致一部分投机分子为缩减生产经营成本，使用劣质原料加工食品，对各种食品添加剂的使用也缺乏规范，导致部分食品出现质量安全问题。而市场环境的混乱直接导致生产、运输等整个流程出现失序状况。农产品等种质食物质量也存在安全隐患。

再次，人们对食品安全问题的认识是一个逐步深入的过程，早期人们对食品安全问题认识尚不足。虽然人们基于健康消费和安全消费的考虑，开始关注食品质量问题，但是绝大部分民众对食品安全的认识还不足。另外，百姓缺乏有效了解食品安全问题的渠道。由于互联网的使用较少，食品安全问题信息流通相对不畅，政府对食品安全的宣传也不够。

最后，改革开放一段时间内，市场经济处于卖方市场阶段，买方市场尚未发育成熟。当时计划经济和市场经济双轨并行，商品市场供给仍显不足，因此，卖方占据市场的主导地位，而消费者几乎没有主动权。卖方占据市场主动权的一个缺陷就是，卖方对销售商品的质量和安全问题缺乏足够的认识，卖方责任意识缺失，即便有相关的食品安全法律法规和食品卫生质量认证标准，对卖方也缺乏足够的约束力。

总之，这一时期处于食品安全萌芽和发展的初期，相关的食品安全卫生法相继出台，初步建构起了食品安全监督框架。然而，市场的不完善，以及卖方市场责任意识缺失、消费者权利意识不足等因素也导致制度对食品安全的约束、控制力不足，食品市场上仍然存在一定的安全隐患。总体而言，从我国的食品供给环节来说，食品安全存在着下述诸多问题。首先是在农产品、禽类产品的生产中，存在着农药、化肥等对人体有害物质的残留成分严重超标的问题；甚至为了保收或增加产量，而使用抗生素、激素，导致农畜产品的污染。此外，野生动物的病菌携带所带来的病毒感染亦可演化为严重的食品安全事件。

其次则在于食品加工过程的质量把控不严，进一步加剧了食品安全问题。一方面，在食品的制造和加工过程中，商家使用劣质原料、过量添加食品添加剂、甚至非法使用和添加非食品加工用的化学物质等问题。如不良商家在包子、馒头中添加二氧化硫来增白等。

另一方面还存在着在食品加工制作和包装储运过程中，病原微生物控制不当、大量繁殖导致食物中毒的问题。既有研究指出，因为致病性微生物（主要是肠道致病菌）污染食品而引起的食源性疾病构成了我国主要的食品安全问题。^①此外，生物技术产品，主要是转基因食品也存在安全性问题。虽然目前尚无充分的证据表明转基因食品对人体健康的危害，但是，这并不表明其就无危害，反而表明其有潜在的风险。国外相关研究指出，转基因食品可能危害免疫系统（标记基因）；可能产生过敏综合征；对环境和生态系统造成危害，等等。^②

再次，由于食品加工类企业对于资金和技术要求不高，行业进入门槛低，所以整个行业中小企业众多。以上种种导致这些中小企业的食品安全管理通常难以到位，甚至在谋求暴利的驱使下，不惜故意生产假冒伪劣食品。

从消费环节来说，我国的消费者注重口味等传统饮食习惯，轻视食品卫生和安全，导致消费者在购买食品时缺乏判断和选择能力。公众对食品安全问题虽然有所重视，但是人们的认知观念具有一定的地区差异性。在一些经济欠发达地区，消费者在食品消费行为的选择过程中往往是优先考虑价格因素，而对建立农产品信息系统的支付意愿比较淡薄。

从地域上看，我国农村的食品安全问题特别突出。首先，农民食品安全意识淡薄，企业在食品及原料的生产、加工、贮存的过程中缺乏基本的安全意识；其次，农村的卫生条件差，地域辽阔，食品安全监管存在着盲点，再加上农村的食品生产基本上是就地就近，食品安全的统一监管存在诸多困难。^③广大农村正日益成为假冒伪劣产品生产与销售的主要聚集地。

市场的失序和监管的不完善导致出现了一些食品安全问题事件。影响较大的主要有：1987年12月至1988年2月，上海甲型肝炎暴发流行性事件，当时民众食用受到甲肝病毒污染的毛蚶，导致30万市民染上肝炎；1996年6、7月份，云南曲靖地区会泽县发生食用散装白酒甲醇严重超标的特大食物中毒事件，导致190多人中毒，30多人死亡，并致残多人；1998年山西朔州毒酒事件。1998年初，山西文水县一不法分子用甲醇勾兑散装白酒，批发给外地个体户。这些散装白酒流向社会后，被山西省朔州市、大同市部分群众饮用，一些群众中毒。经技术监督局（今国家技术监督局）事发后测定，这些勾兑的散装白酒每升含甲醇361克，超过国家标准902倍。患者呕吐、头痛、呼吸困难，没等救治便相继死亡。短短几天时间，朔州、大同等地先后发现数百名群众饮假酒中毒住院，其中近30人死亡。事件发生后，朔州白酒企业几乎全部陷于停顿，甚至山西的名酒"汾酒""杏花村"等，也销量大跌。2000年，广东、吉林、甘肃、四川等地市场出现掺有液体石蜡的有毒大米；

---

① 陈君石. 食品安全——中国的重大公共卫生问题[J]. 中华流行病学杂志, 2003(8)：649-650.

② 江晓波. 浅论完善我国食品安全法律体系[J]. 中国社会导刊, 2007(11)：38-41.

③ 杨辉. 我国食品安全法律体系的现状与完善[J]. 农场经济管理, 2006(1)：35-37.

2000年初，杭州数十人食用添加"瘦肉精"猪肉中毒，当地数十名群众相继出现脸色潮红、胸闷、心悸等症状；2000年底，浙江金华查获上千公斤"毒瓜子"，这些西瓜子在生产过程中掺杂了对人体有害的矿物油。同时，福建、河南、广东、南京等地也发现了"毒瓜子"。

总之，这一时期出现问题的食品主要为肉类、水酒、大米等日常生活必需品。而食品安全问题的类型也主要为食源性安全问题，即假冒伪劣食物中含有对人体有害的物质，通过人体摄入而造成身体损害的。

5.2　全能主义的政府监管模式

所谓政府监管，又称行政规制，是指由行政机构制定并执行的，直接干预市场机制或间接改变企业和消费者供需决策的一般规则或特殊行为[①]。因此，食品安全政府监管可被理解为：是通过过国家机构和行政力量对食品安全问题进行行政规制。改革开放到2000年的这段时间内，处于计划经济体制转轨期，国家行政力量强大，对经济、社会、文化、卫生等领域实施直接或间接的管理，在强大的行政力量背景下，食品安全卫生的监管呈现出政府全能主义的特征。

所谓全能主义，最早是由政治学家邹谠于20世纪80年代初提出的。此概念主要是用来解释国家——社会的二元关系。根据邹谠的定义，全能主义意指"政治力量侵入社会的各个领域和个人生活的诸多方面，在原则上，它不受法律、思想、道德的限制"[②]。我国政府的监管模式在早期食品安全监管的问题上也表现出全能主义的倾向。具体来说表现在两个方面：第一，政府对食品安全实施自上而下垄断监管，包括法律、法规的制定、责任机构、执法队伍建设等。第二，食品安全问题事件发生后，政府作为社会行政力量，对事件作出应急处理，并向公众负责。

5.2.1　政府监管模式的机制与逻辑

食品安全监管涉及多方面内容，政府监管模式通过多个方面反映出来，具体包括以下内容：监管主体、监管制度、监管技术、监管环境等。以政府机构为主体，以一系列食品安全法律法规为依据，通过多种技术手段，包括食品标签管理、食品安全认证、食品安全卫生标准评价、市场准入等，政府

---

① 丹尼尔·斯皮尔伯. 管制与市场 [M]. 余晖等译，上海：三联书店，1999：45.

② 邹谠. 二十世纪中国政治——从宏观历史与微观行动的角度看 [M]. 伦敦：牛津大学出版社，1994：223.

对食品安全卫生实施宏观监督。

（1）监管主体

政府监管模式的主体是政府机构。然而，食品安全是一个涉及多方面内容的议题。从种养（选种、培育、料理）到食品的加工、包装、运输和销售等一系列环节，都与食品的安全问题密切相关。因此，对食品安全的监管在各个环节都有具体的分工。具体的监管主体也因此各不相同。一般而言，食品安全监管主要涉及以下几个部门：卫生部（今卫计委）、农业部（今农业农村部）、环保局、质检总局、交通部、商务部、工商行政管理局、环保局、海关总署等。国务院卫生部（今卫计委）统一负责、各部门协作，具体分工，具体责任关系详见图5-1。

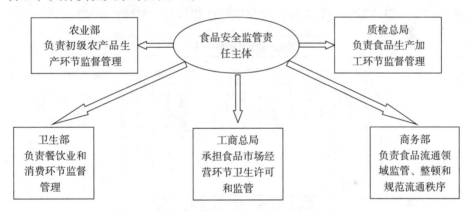

图5-1　食品安全监管主体及其责任示意图

（2）制度体系与框架

食品安全监管制度由一系列法律、法规和市场准入制度构成。自20世纪50年代到2000年左右，我国基本建立起了综合性的食品安全卫生法律法规体系和一系列配套措施。我国食品安全监管的法律法规最早可追溯到1953年由卫生部（今卫计委）所颁布的《清凉饮食食物管理暂行办法》。据统计，建国以来，我国部级以上机关所颁布的涉及食品安全的法律、法规、规章、司法解释以及各种规范性文件等就有840多篇。[①]

早在20世纪50年代初，食品卫生管理就已经开始法制化进程，并发布了一些单项规章和标准，但并未形成法规体系。1964年，国务院颁布《食品卫生管理试行条例》，标志着我国食品卫生安全监督管理法律建设进入了综合法规体系建设阶段。1979年，中央政府出台《中华人民共和国食品卫生管

---

① 杨辉.我国食品安全法律体系的现状与完善[J].农场经济管理，2006（1）：35.

理条例》，是我国首部正式体系化的关于食品卫生安全的法律法规，1982年，该条例经过修订，颁布为《中华人民共和国食品卫生法（试行）》，作为《食品卫生法》的前身，国家对食品安全的治理有了可依据的正式法律基础。此后又经过修改，于1995年出台了《中华人民共和国食品安全卫生法》。作为我国食品安全法律法规中最重要的法律文件，涉及农业、林业、畜牧、水产、粮食、商业、供销、轻工、外贸等部门。规定了食品生产、经营过程的具体卫生要求。以及一些禁止生产经营的食品；食品容器标准、包装材料要求、食品添加剂标准等规定。并具体制定了食品卫生监督的制度的内容、监督队伍和违反法律应担责任等。这一时期，除了《食品卫生法》之外，政府还出台了配套规章制度90多套，颁布近500项食品安全卫生标准和检测方法，基本建立起较全面的食品安全法律体系。具体见图5-2。

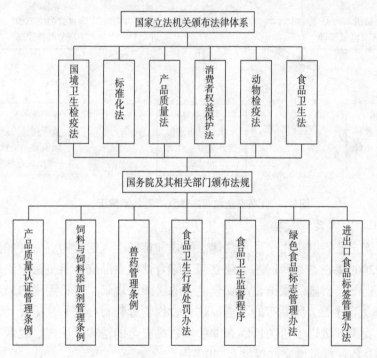

图5-2　改革开放到2000年之间我国食品安全卫生法律法规制度体系

改革开放以来，我国相继颁布了多部食品安全监管的指导性法律，依次是《中华人民共和国食品卫生管理条例》《中华人民共和国食品卫生法（试行）》《中华人民共和国食品卫生法》以及新近颁布的《中华人民共和国食品安全法》。

《食品卫生法》于1995年出台，它对涉及食品卫生的有关标准以及食品卫生监管工作的责任做出了详细的规定。长期以来，《食品卫生法》构成了我国的食品安全法律体系的核心，与《食品卫生行政处罚法》《食品卫生监督程序》《产品质量法》等单行法律和《消费者权益保护法》《传染病防治法》《中华人民共和国刑法》等法律中涉及食品安全的相关规定，共同构成了我国的食品安全监管的法律框架。但是，《食品卫生法》的某些条款过于笼统，缺乏清晰准确的定义和限制，操作性不强。

不可否认，我国食品安全的法律体系与发达国家的相对健全的法律体系还存在距离。当前，无论是中央还是地方，都对食品安全立法给予高度重视，力图建立一个科学合理的、多层次的、分门类的，包括立法、执法、法律监管，行政处罚和刑罚的综合性法律体系。在我国，食品安全监管在性质上属于行政执法的范畴。传统上，我国政府是通过将食品安全的监管划分为若干个环节，由一个部门负责一个环节，采用分段监管为主、品种监管为辅的方式，并按照责权一致的原则，建立食品安全监管责任制和责任追究制，以此来明确各个部门的职能范围。我国负责食品安全的监管部门有农业部（今农业农村部）、质检部、工商部、卫生部（今卫计委）、食品药品监管部等数个部门，分别负责专门的某个食品环节。

此外，我国的食品监管部门又分为国家与地方两个层次，在国家层次上有各部、委及其直属机构，而在地方层次也有各级食品安全监管部门。我国还建立了食品安全检测机构和监督检验体系，形成了从中央到省、市、县的"四级食品安全监督检验体系"。国家质检总局（今国家质量监督管理总局）还在各口岸设立国家出入境检验检疫局，负责出入境食品安全的监督检验工作。

传统上的这种分段监管方法貌似权责明确，分工细密，但实则存在诸多问题。首先是行政执法机关分工过细，机构林立臃肿，据悉，我国有近8 000多个检测监管机构并存，[①]各机构之间职能相互重叠，导致行政支出过大，执法成本过高；其次，各部门之间缺乏统一协调和相互沟通，行政权力分配不均，各自为政，各部门之间争权夺利，也容易导致各部门之间相互推诿与掣肘，食品安全监管的缺位与错位、职责不清，食品安全治理的低效率。而这进一步导致政府社会公信力的下降和权力的威慑力度与执行力度。[②]

---

① 蒋抒博. 我国食品安全管制体系存在的问题及对策[J]. 经济纵横，2008（11）：32.

② 韩忠伟，李玉基. 从分段监管转向行政权衡平监管——我国食品安全监管模式的构建[J]. 求索，2010（6）：155-157.

5.2.2 监管方式和技术

由政府行政力量强制推行的规制和引导行为，在我国也通常有另一个代名词"运动"，或者说"计划""工程"来进行概况。所谓"运动"，是在党和国家的领导下，倡导和推行的普遍大规模的群众实践行为。"运动法"往往能够起到立竿见影的实践效果，能够迅速有效的形成规模和声势，对于一个将要贯彻实施的决策，尤其是对新生事物的成长和发展具有有效的助推作用。

我国政府早期对食品安全问题的监管也呈显著"运动式"的特点。比如，20世纪80年代初，北京最先提出"无公害食品"概念后，受到国家政府重视。无公害食品开发随后在全国范围内迅速展开，农业部（今农业农村部）后来又启动了"无公害食品行动计划"，保证了无公害食品行业的健康迅速发展。我国于1990年首先在农垦系统实施绿色食品工程。短短三年就基本架构起较为完善的机构、规章、监测、认证、标签等一系列制度体系。绿色食品业发展也较为迅速。

运动的推行对于食品安全监督体系的建设也是有利的，能够促进政府迅速建立起一套完善的监督技术体系。我国政府监管食品安全的技术手段大致包括标签认证、评价体系、标准认证等内容。政府机构以这些技术为手段，对食品从种植、生产、加工、运输到市场销售、消费等一系列环节进行监控。包括如下方面：

其一是食品安全卫生标签体系建设。食品标签是辨识食品类型和进行食品分类管理的基础。1987年，国家标准局发布《食品标签标准》（GB7718-87），后来又制定了《饮用酒标签标准》（GB10344）和《特殊营养食品标签》（GB13432）。1995年开始，国家实施新的《食品标签通用标准》（GB7718-94）取代之前的GB7718-87标准。

其二是食品安全标准体系。食品卫生和安全标准是指对食品中具有安全、营养和保健意义的技术要求及其检验方法、评价程序所做的规定。具体程序包括以下步骤：标准立项建议（法人、自然人）、建议立项审查（国家食品卫生标准专家委员会）、按不同的原则可划分为不同的类型。按适用对象分为基础标准、通用标准、原料标准等。按标准约束性分为强制性标准和推荐约束标准。按使用范围和标准审批权限可以分为国家标准、行业标准、地方标准、企业标准等不同层级标准。食品安全标准涉及的具体内容包括多个方面：如原材料安全标准、添加剂使用标准、容器与包装材料标准、残留农药标准、化学原料和花费使用标准、霉菌限量标准、污染物标准、食物洗涤、消毒标准等。

其三是我国食品质量的认证评价标准遵循统一的规范，一般遵循国际统一标准。包括国际通用认证体系GAP认证、无公害农产品认证、有机产品认证、绿色食品认证和HACCP管理体系认证等。

总体来看，我国食品安全监管的技术标准体系主要是通过移植或借鉴西方发达国家的技术标准，并结合国情加以修订，转化成我国自己的技术标准。经过多年的发展，我国已经初步建立了一套食品检测与风险评估的标准体系。我国早在1988年就颁布了《中华人民共和国标准化法》来推进食品质量的标准化。几乎所有的主导产品、名特优产品都制定了国家、行业或地方标准。

这些标准覆盖了我国的主要食品种类、食品链的各个环节，构成了一个较为完整的食品安全标准体系。

自20世纪90年代以来，我国广泛借鉴西方发达国家关于"有机食品""自然食品""生态食品""健康食品"等方面的管理经验，同时结合本国的实际情况，以无污染、安全、优质的安全食品新概念为基本特征，建立了绿色食品质量标准、监测检验、商标管理、组织服务组成的产业发展体系，形成了以"标准体系—质量认证—标志管理"为主线的运行模式，同时建立了覆盖全国的绿色食品质量管理和技术服务工作系统。

其中，市场准入制度值得特别一提。所谓市场准入，是指货物、劳务、资本等进入市场的范围、程度、标准的许可制度。对于食品等市场准入，是指符合食品安全卫生标准和质量标准的食品才能被批准进行相关的生产经营活动，并进入市场进行流通。我国食品市场准入由国家质检总局（今国家市场监督管理总局）具体负责，并制定相关标识、标准和规定生产许可。质检总局对食品生产加工企业进行产品质量审查，发给生产许可，并在生产加工的过程中，约束企业必须履行相关法律义务，食品必须经过检验合格才能进入市场流通。同时，检验合格的食品要在包装上印制质量安全市场准入标志，即"QS"，只有贴了该质量安全标志的食品才能在市场销售。自2003年1月14日开始，我国国家质量监督检验检疫总局（今国家质量监督管理总局）对米、面、油、酱油、醋等五种民众最常接触的食品，全面实施"食品质量安全市场准入制度"。"食品质量安全市场准入制度"是国际上通行的做法，主要是对食品生产企业强制实施生产许可证制度，未经检验或检验不合格的食品不准出厂销售，那些未取得生产许可证的企业不再被许可生产食品。而经检验合格的食品则贴有市场准入标志"质量安全"的标志："QS"（Quality Safety）。继上述五种食品之后，我国陆续对其他食品分期、分批实施质量安全市场准入制度。[①]

但是，总体而言，我国当前的食品标准体系管理体制仍然不够健全，尤其是我国缺乏统一的农产品市场准入标准。我国的各个标准体系之间仍然缺乏有效的整合，相互之间存在着交叉，冲突和空白的地方。这给我国当前的食品安全监管和检测带来了某些困难。

5.2.3 食品安全突发事件的应急处理

即便食品安全有法律的保障，也通过一系列监督、准入制度、质量标准认证、评价等技术手段得以监控，但食品安全问题依然存在漏洞。自20世纪80年代起，食品安全事件就已经存在，并影响居民的日常生活健康和安全。其中，影响最大的莫过于1987—1988年在上海爆发的甲肝中毒事件。

上海甲肝事件发生于1988年初，其实早在1987年末就已经初露端倪。当时上海市流行一场痢疾，许多民众得了腹泻，到门诊就医。医生在询问病情的过程中了解到，凡是患有腹泻病的民众大都吃过毛蚶，这引起了医生的注意。之后，对病人粪便细菌的监测结果显示，痢疾的确是由食用受到甲肝病菌污染的毛蚶引起的。经过了解，当时很多市民食用毛蚶的方法极为简单，仅仅用开水把毛蚶泡一下，然后用硬币把壳撬开，在半生不熟的毛蚶肉上加点调料就食用了。这种生食毛蚶的方法，让毛蚶腮上所吸附的大量细菌和甲肝病毒轻而易举地经口腔侵入消化道及肝脏，导致疾病。

虽然医院专家初步了解到发病的原因，并做了一定的应对准备措施。但是，菌痢潜伏期短，发病早，容易发觉，而甲肝的潜伏期较长，不容易发现。因此，在初期，并没有能够完全预测到后期如此大规模的中毒患者。1988年1月中旬，上海出现甲肝病例，之后患者人数急剧上升，每天最高时达上千例。如此紧急、大规模的中毒事件导致政府反应措手不及，每家医院都满员，床铺位更是紧缺，医护人员也严重不足。中毒事件持续了大约三个月，期间，越有30万人得了甲肝，31人死亡。

虽然甲肝是一种可以自愈的病种，然而如此大规模的染病事件依然造成了极大的社会恐慌和失序，人人谈"甲肝"而色变。由于政府宣传不足，信息沟通渠道不畅，导致人们对甲肝传染途径了解不清，在公共场所很少看到人拥挤接触的情况，都保持着一定的距离，一时商业萧条。不仅如此，上海的大规模甲肝患病事件信息还传播到了周边省市。上海更是被扣上了"瘟疫之地"的帽子。周边省市对上海人严重排斥，唯恐怖避之不及。

上海甲肝事件属于突发事件，感染人群广，当时上海所有的医院共有病床数不足6万张。然而，甲肝病人则日以万计，且发病集中。在医院本身容纳能力不足的情况下，政府出面积极干预，将一些大中型企业仓库、学校教室和旅馆等腾出地方用作临时病房接收病人，并提出"全市动员起来打一场防治甲肝的人民战争"的口号，以运动的形式广泛动员社会力量参与甲肝救治。

各级卫生防疫部门在防止甲肝流行的过程中下沉到最基层，积极宣传毛蚶致病原因和方式，澄清公众误解，正面引导消除群众的恐慌心理。同时，从市场源头开始追踪毛蚶生产、经营、运输和销售的整个流程。联合卫生局、工商、水产、财贸等多个部门对市场实施严格监察。媒体对于平息社会恐慌和舆论也起到了积极的作用。政府通过媒体适时向公众发布病情发展和控制进展，并宣传自防、自救措施等，对控制病情扩散起到了积极的引导作用。而面对舆论的质疑，政府负责人也通过政协机构和媒体向公众做了检讨和解释。如时任上海市市长的江泽民同志就亲自到政协，通过媒体向广大公众做解释工作，平息了公众舆论指责。

总的来说，由于当时人们对食品安全卫生问题处于认识初期，相关的市场监测系统还不完善，政府突发事件应急能力不足，百姓对食品安全问题爆发的原因缺乏了解，食品安全事件的爆发往往导致大规模的社会恐慌和失序。甲肝事件的爆发给当时的卫生系统和食品安全监测系统敲响了警钟。但当时的甲肝事件处理仍然是成功的，仅三个月就基本上控制并平息了病情蔓延。经验可以总结为政府领导、全民动员和运动法实践。这也是彼时政府应对突发事件的典型模式。卫生部门纵观全局，多部门联合协作。对市场、公共卫生系统等各环节进行全面监控。以媒体为渠道，向公众传播事件真实信息和引导消除舆论恐慌。

5.2.4 政府监管模式形成原因

20世纪80年代到2000年的这段时间，食品安全监管之所以表现出政府监管的特征主要是由于市场的失灵所决定的，大致表现在以下三个方面：

（1）食品行业与消费者力量失衡。在计划经济体制下，国民经济、社会、文化、政治等各个领域国家和政府都扮演了完全主导者角色。而1980年后，国家实行经济体制改革，计划经济向市场经济转轨，政府开始在市场和社会管理中扮演有限主导者的角色，弱化对市场和社会的指令性管理职能。比如，1980年到2000年，在工业生产领域，国家计划管理的指令性产品已经由120种下降到了12种，仅占工业总产值的4%。在商品流通方面，国家也仅对原油、成品油、煤炭、天然气和汽车等5种产品中的一部分实行不同程度的计划配置。在价格管理方面，1996年市场自由形成的价格在社会消费品零售总额中所占比重达到92.5%，在农产品收购总额中占79%，在生产资料销售总额中占81%。[①]这一切都表明，在市场经济转型的过程中，政府对社会和市场的控制有了很大程度放开。

然而，从20世纪80年代开始，较长一段时间的体制转型过程中，市场经济并没能够完全取代计划经济，而是处于计划经济与市场经济双轨并行的时期。这一阶段，市场经济尚不成熟，缺乏完善的制约机制和自律机制。因而涉及庞大的和有影响力的食品行业的利益，会用尽各种手段争取利润最大化和成本最小化，而不管其所作所为是否有利于民众的健康。另一方面，作为社会参与力量的消费者团体，与食品行业的规模势力相比，根本没有同等充足的资源和获得足够的公众关注的能力[②]。正是这种市场与消费者力量的失衡导致国家必须出面来协调二者之间的关系，从而既维护市场秩序，又保障消费者权益。维持市场经济的健康运行。

（2）市场经济的负外部性缺陷。"外部性"是一个经济学概念，最早由马歇尔所提出。1890年，马歇尔在其《经济学原理》一书中首次提出"外部经济"的概念。此后，马歇尔门徒庇古提出"外部性"概念。庇古用灯塔、交通和污染等例子来说明经济活动中经常存在对第三者的经济影响，即所谓的"外部性"。

所谓外部性，是指一个（或一些）行为体（个人、厂商、国家等）对另一个（或一些）行为体带来了某种益处或造成了某种损害，而没有从这种施益中得到报酬或因损害而支付赔偿的一种现象[③]。从定义可以看出，外部性有正外部性和负外部性之分。正外部性强调的是一方的行为对另一方行为带来的益处，但提供了益处的一方并没有从这一行为中获益。而负外部性则指一方的行为对另一方产生了损害，但却没有得到惩罚。从负外部性的角度来讲，食品安全的政府监管模式之所以存在，也是因为食品安全问题的出现给公众带来了损害。

市场本身具有优胜劣汰的机制，对市场失序和违法行为具有一定的抵制作用。但市场作为自由、开放、多元化的主体，本身并没有权威性，不能对违法犯罪行为进行惩罚。以食品安全问题为例，经常存在一些小企业生产

---

① 郭树清. 中国市场经济中的政府作用[J]. 改革, 1999（3）: 48-57.

② 玛丽恩·内斯特尔. 食品安全[M]. 程池, 黄宁彤, 译. 北京: 社会科学文献出版社, 2004: 2-5.

③ 叶卫华. 全球负外部性的治理: 大国合作——以应对全球气候变化为例[D]. 江西财经大学博士论文, 2010: 32.

的假冒伪劣产品冒充大规模和知名企业产品进行宣传和销售的行为，从而给知名、品牌企业带来损害。虽然品牌企业可以通过外部公关和市场联合等对其进行问责和追究，但由于法律没有赋予企业自身以行政权力，也没有明确市场监督和惩罚的具体职责，因此市场难以对此类行为进行有效的强制性约束。因此，只能借助政府的力量对市场失序和违法行为进行强制性规范和惩罚。可以说，市场的负外部性既是食品市场出现安全问题的原因，同时也是食品安全政府监管模式得以产生的重要原因。

（3）食品市场信息不对称。信息不对称是指信息在相互对应的交易主体之间呈现出不完全的分布状态，即交易的一方掌握了另外一方所不知的一些信息，表现为双方所有的信息存在优劣的差异情况。食品市场中也同样存在类似问题。食品生产者和消费者在食品交易过程中对于食品信息的掌握量是不对称的。生产者和销售者了解食品的质量，并在销售过程中通过宣传、鼓吹等激励性手段向消费者传递食品质量信息，而消费者在购买食品之前并不了解食品质量信息，只有通过消费才能对其品质进行了解。在这种情况下，食品市场生产者和消费者之间的信息不对称问题就尤为突出。

食品生产者对食品的原材料、生产、检验等情况了如指掌，生产者因此会利用信息优势，提供虚假、不完全或误导消费者的信息，而消费者对这一切却无从得知；同时消费者由于缺乏食品专业知识，不能充分辨别其真伪，也不能充分认识到食品是否含有一些对人体健康存在潜在威胁的物质。因此，消费者在信息的占有上总是处于劣势，对于所选食品的安全性难以做出正确判断，这就致使一些假冒伪劣产品标榜着"安全食品"以次充好，最终导致食品市场失灵。不仅损害了消费者的权益，也降低了人们对食品安全的信心[1]。对此，Akerlof曾提出著名的"柠檬市场"理论来说明市场失灵。即，由于市场上存在信息不对称，买方对产品的支付意愿通常受其对市场上所了解的平均质量所影响。在买方给定支付意愿时，卖方通常利用信息优势而出售低劣产品；卖方被利益驱使而出售低质量的产品以实现收益最大化，其结果是交易产品的质量和市场规模都将逐步退化，出现"劣胜优汰"，市场机制体现出无效率的均衡，最终出现市场失灵。Akerlof通过这种分析提出了"逆向选择"的理论，说明信息失衡"可能导致整个市场瘫痪或是形成对劣质产品的逆向选择"。解决这种"逆向选择"问题的办法在于我们必须将有效信号传递给信息不完全的买方，或由买方诱使卖方尽量多地披露其信

---

① 汤敏, 茅于轼. 现代经济学前沿专题: 第三集[M]. 北京: 商务印书馆, 2000: 250-272.

息①。要实现将有效信号传递给信息不完全的买方，就需要政府充分发挥其占有丰富社会信息资源的优势，通过经济、行政等手段对食品市场进行宏观调控和监督管理，为食品安全把关，为消费者提供尽可能综合的、可靠的食品安全信息。只有这样才能保障食品市场的均衡和效率最优。

5.3 政府监管模式的合理性与不足

食品安全政府监管模式是在特定的历史背景下产生的一种全能主义模式。之所以产生这种模式，与当时国家、市场与社会三者之间的关系和力量消长是密切相关的。

5.3.1 国家—市场—社会视域下政府监管模式的理论基础

国家、社会、市场理论框架形成是公民社会理论演变的结果。具体而言，在国家—市场—社会的三元框架内，国家是指代表全体社会成员并具有强制力量的行动者。而社会在哈贝马斯的语境下就是公共领域，是介于国家和私人之间的一个领域，公众在公共领域中对可以公共权威及其政策和其他共同关心的问题作出评判。而市场，主要是一个经济领域的概念，是供商品流通和自由交换的地方，是一个贸易的场域。国家、市场、社会虽然概念各一，但三者却有着复杂和紧密的关系，对于食品安全的政府监管模式具有一定的解释力。

首先，国家是经济社会各个领域的权威，对助力市场的形成和发展起积极作用。国家对市场形成的推动作用表现在放开国民经济某些领域的控制力，建立和完善规范市场秩序的法律法规。食品市场就是在国家制定的法律法规和制度框架下才得以有序发展的。国家在食品市场发展中起到直接的推动作用。例如，在政府推动下启动绿色食品、无公害食品等计划，大量绿色食品、无公害食品才得以进入市场，进入百姓生活。

其次，市场与社会是一对有辩证关系的概念。市场本身是一个交换的场域，卷入其中的人在交换和流通的过程中以商品为中介，实现人际关系和社会关系的再生产。从而使人际关系和社会关系在更大的时空范围内得以可能。然而，过度的市场化也会侵蚀社会。各种商品过度卷入市场交易的结果可能造成市场取代社会的主导地位，演变为所谓的"市场社会"。而这在波

---

① George A. Akerlof. The Market for "Lemons": Quality Uncertainty and the Market Mechanism. Quarterly Journal of Economic, 1970(5): 488-500.

兰尼看来是不能接受的。在波兰尼的学术关切里，经济关系是嵌入社会关系的，而"市场社会"的特征则是社会关系嵌入于经济关系之中，颠倒了市场和社会的真实关系。当然，市场与社会的力量消长是一个双向运动的过程。市场社会不可能无止境的膨胀，而社会本身也具有自我保护的功能，不可能任由市场殖民化。经济危机、大萧条等都是市场社会崩溃，并向社会市场转型的例子。

食品安全之所以有必要由政府来监管，主要原因也在于食品市场力量的过度扩张会压制消费者力量。因此需要政府来对市场进行调控，并扶持社会力量的成长。不仅如此，市场本身也并不是万能的，由于它在诸多公共物品和服务的提供上无能为力[①]，还经常出现信息传递不对称、负外部性等问题，从而容易对市场消费者造成各种侵害。这时，消费者所组成的"社会"就会对市场形成"负反馈"，但作为市场主体之一的生产经营者为追求利益最大化，不可能对这种"负反馈"做出正面的回应。一般而言，生产经营者为达到利益最大化经常采取使用劣质原料、违规使用食品添加剂、违法使用化学配料等不正当的手段。因此，只能从政府那里整治市场失灵，寻求对"负反馈"的回应。

再次，社会在市场化殖民的过程中所进行的自我保护并非是自发的，而是国家利用立法和社会政策的推行实现的。罗斯福新政就是典型的案例。国家通过立法、新政等帮助社会抑制与劳动力、土地和货币相关的市场行为。

国家在社会自我保护的过程中扮演重要角色。以食品安全监管为例，消费者组成"社会"虽然对食品市场失灵和市场缺陷具有一定的抵制作用。但由于社会力量相对于市场处于弱势地位，尤其是卖方市场处于主导地位，买方市场尚未形成的情况下，社会组织、团体，尤其是个人没有必要的权力，也无法对于食品市场的缺陷和失序采取有效的强制性反制措施，从而扭转市场失灵的问题。此时就必须由国家和政府出面，以法律为依据，利用国家行政力量对市场采取一定的强制措施，规范市场运行，并保证消费者合法权益。

5.3.2 政府监管模式：国家、市场与社会的互动关系

我国的改革开放到世纪之交的这段时间内，在传统计划经济体制制度延续和政府全能主义的影响下，国家政治权力延伸至社会生活的各个领域，呈现出强国家、弱社会的局面。然而，强国家与弱社会局面的形成并非国家

---

① 马庆钰.中国非政府组织发展与管理[M].北京：国家行政学院出版社，2007：52.

政治权力过分强大那么简单。实际上，社会的发育、成长与壮大是与现代化进程存在密切关系的。改革开放以来，正是因为社会力量发育不健全，才导致国家不得不在社会生活的许多领域扮演重要的角色，并承担过多的社会管理责任。尤其是市场经济的转型，导致个人主义的色彩越来越浓，个人对国家、社会的责任意识较计划经济时期明显弱化。因此，正如门切斯所说，"在人人都忙于自己事务的同时，政府就要负责对一切进行管理"[①]。

20世纪80年代以后，国家开始经济体制改革，计划经济逐渐向市场经济过渡。民间组织和社会力量在此转型过程中开始发育。自1988年民政部将"社团管理司"更名为"民间组织管理局"到20世纪90年代，民间组织开始勃兴。然而，这一时期的民间组织发展仍然存在资金缺乏、管理不善、自主性差等问题。因此，弱社会的局面并未得到改观。而市场经济在国家支持和推动下却迅速发展壮大，逐渐形成了"弱社会"依附于"大市场"的局面。

市场本身的缺陷经常导致消费者利益受损，社会的权益受到侵害。如图5-3所示，社会在难以有效应对市场扩张的情况下，就只能将求助之手伸向政府。国家则通过宏观调控和法律法规调整市场秩序，约束市场行为。市场则根据国家政策和政府措施做出调整。

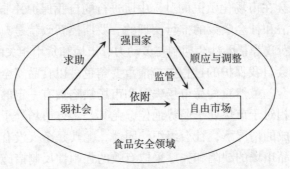

图5-3 改革初至20世纪末全能主义政府监管模式示意图

5.3.3 政府监管模式评价：优势与缺陷

食品安全政府监管模式具有一定的合理性。在当时市场经济发育不健全，公民社会公民社会未得到充分发展的前提下，由政府行政力量实施监管，对于弥补市场缺陷和保护消费者合法权益具有积极作用。这种自上而下的纵向管理模式路径清晰、效率高，便于统一指挥，形成合力，应对食品安全风险。然而，全能主义的监管模式毕竟是特定时代背景下的产物，具有一

---

① 罗伯特·门切斯.市场、群氓和暴乱：对群体狂热的现代观点[M].上海财经大学出版社，2006：61.

定的限定性。具体体现在两个方面：

一方面，监管部门众多，职责分散，造成横向监管盲区。

我国食品安全监管部门大致包括：农业部（今农业农村部）、卫生部（今卫计委）、质检总局、工商总局、商务部等六大部门。各部门在具体的监管工作中负责的领域不同，容易造成部门分割、政出多门多头管理的局面。由于不同部门有各自的核心利益，因此在具体监管过程中执法标准、执法力度不完全统一，造成食品安全监管效力不足的困境。同时，不同部门分领域监管，也容易造成执法范围的交叉重叠和盲区问题。执法范围重叠交叉会导致人力、物力、财力等的浪费，而执法盲区和空白则直接影响食品安全的监管，产生食品安全监管的横向漏洞。

另一方面，政府监管手段单一，市场和行业缺乏自我监管，公众参与不足。

政府全能主义监管模式强调国家的社会责任和监管能力，但是似乎忽视了社会组织和社会力量，甚至消费者群体自身的作为。这种单一监管模式难以实现对市场全面有效的监管。由于市场本身存在以利益为核心的属性。因此，在市场本身缺乏自律性的前提下，再加上食品行业也缺乏自我监管，没有形成自我监督机制，最终出现困境。

第6章　社会自我保护：中国食品安全内生性治理新模式

进入21世纪以来，随着经济持续高速增长，中国日益成为世界第二大经济体，对于农业大国的中国来说，粮食产量连年丰收以及日益扩大的规模化经营成为经济高速增长的典型标志。2017年人均粮食占有量达到889斤，超过世界平均水平。2018年粮食产量突破130 000亿斤，但同时我国每年还要进口超过1亿吨粮食，大豆对外依存度更是超过80%[①]。其中的重要原因在于我国农产品食品安全成为不容忽视的影响民众生活和社会稳定的重大民生和社会问题。为此，中国政府也积极做出回应，于2009年2月28日颁布了《中华人民共和国食品安全法》，并在2015年4月24日进行修订。修订的内容主要强调食品安全的属地管理，"县级以上地方人民政府对本行政区域的食品安全监督管理工作负责，统一领导、组织、协调本行政区域的食品安全监督管理工作以及食品安全突发事件应对工作，建立健全食品安全全程监督管理工作机制和信息共享机制。县级以上地方人民政府依照本法和国务院的规定，确定本级食品药品监督管理、卫生行政部门和其他有关部门的职责。有关部门在各自职责范围内负责本行政区域的食品安全监督管理工作。县级人民政府食品药品监督管理部门可以在乡镇或者特定区域设立派出机构"[②]。可见，新世纪以降，国家的全能主义随着食品安全危机的常态化更加得以强化，特别是在农产品生产源头的乡村各级政府构筑纵深的监管体系。在这一点上，新世纪的我国食品安全治理模式似乎继续延续上一章提及的全能主义政府监管传统。然而，值得注意的是，中国社会力量随着经济增长和国家加强公共性建设的同时进入深入发展时期。尤其是在食品安全方面，率先从乡村开始，农民合作社参与食品安全治理模式，成为符合"农村包围城市"国情的中国特色。

[①] 经济日报. 我国2018粮食产量破13000亿斤为何还要进口[EB/OL]. (2019-07-16) [2019-07-16]. 中国食品安全网, http://www.cfsn.cn/front/web/site.newshow? hyid=7&newsid=5710

[②] 中华人民共和国食品安全法[I]. 2015.

6.1　农村包围城市：中国农民合作社食品安全治理的乡村变革

中国自古以来即是一个农业文明高度发达的农业大国，直至工业化城市化浪潮席卷下的新世纪，三农问题，特别是近两年展开的乡村振兴战略依然成为中国反贫困，可持续发展的关键战略，甚至被提升到民族复兴重要环节的高度[①]。因此，"农村"是分析中国社会和研究中国发展的重要切入点。食品安全治理问题亦如此，不能脱离"农村"谈食品安全问题。因为大部分中国的食品安全问题是工业化生产体系和"资本下乡"之后的标准化，去地方化，农民被动化的产物。如今，利润最大化和产品口味标准化的市场伦理方兴未艾，传统上农民利用地方性在特定时间和特定空间才能生产出来的农产品，在一味追求"外观优美口味甜美"标准化的工业化农产品生产体系和食物体系中，被通过添加色素香精，反季节生产等跨越时空和反自然的手段，失去了农产品以前的自然性和文化性，形成了农产品的"麦当劳化"，成为食品安全危机的重要源头。在此过程中，表面上从事标准化快速化种植的农民，尽管能在短时间脱贫致富，但从长远来看，长期运用工业化肥和添加剂，使得土地肥力减弱，甚至毒性积累后彻底荒废，从根本上阻碍农村经济文化社会的可持续发展，也降低了农民抵御自然和社会风险的韧性，农民被迫外流，加速了农村空心化。如此恶性循环下去，食品安全危机的"蝴蝶效应"也会影响到整个国家的秩序问题。

但事实上，人在风险面前总能有其适应的智慧，我们并非只看到中国乡村空心化背景下食品安全危机引致的恶性循环，希望之光依然照耀大地。一贯具有特殊理性的"中国小农"，在被刚性结构性经济生产模式束缚的集体化时期，安徽凤阳县小岗村农民自行实行包产到户，勇于突破"大锅饭"的旧体制，激发农民自身的主动性，解放农村生产力，随后引领中国农村改革朝着社会化，商品化和专业化发展，具有划时代的改革意义。同理，新世纪以降，面临着人员外流的农村空心化风险，个体化的生产方式已不再适应规模化的市场需求和农村重建需求，中国农民再次发挥灵活性的理性，再次组织起来形成各类专业农民合作社，特别是2007年颁布《农民专业合作社法》以来，合作社发展呈现出方兴未艾之势。据相关统计显示，2017年，全国

---

① 新华社. 习近平：乡村振兴是实现中华民族伟大复兴的一项重大任务［EB/OL］.（2021-02-25）
　　［2021-02-25］. http://www.gov.cn/xinwen/2021-02/25/content_5588781.html.

农民专业合作社数量193.3万家，入社农户超过1亿户。农民专业合作社法实施10年来，合作社覆盖稳步扩大，平均每个村有3家合作社，入社农户占全国农户的46.8%[①]。此外，农民合作社的"经济意义"逐渐扩展到"社会意义"。从最初只局限在农业生产方面的"农民专业合作社"，发展到农村社会生活和治理方面的"农民合作社"。合作社除了经济生产之外，还参与农村老人社会救助和维修公共设施等公共事务，最近几年随着精准扶贫的深入开展，在促进乡村整体社会可持续发展方面也日益发挥重要作用。从结构角度来看，中国的农民合作社以及食品安全治理问题，并非只是历史的偶然，是与新世纪初中国积极推行的乡村精准扶贫宏观战略息息相关。2013年11月，习近平总书记在湖南湘西考察时提出"扶贫要实事求是，因地制宜。要精准扶贫，切忌喊口号，也不要定好高骛远的目标"[②]。从此掀开中国积极推行农村精准扶贫的大幕。此外，习近平总书记从一开始强调精准扶贫之时就将食品安全，强调农业生产高附加值农作物的前提是保证食品安全，运用市场和农民自身力量提高食品安全正是扶贫的"精准"之处[③]。在当前农村空心化背景下，重新将农民组织起来的农民合作社自然成为精准扶贫的重要载体，也自然成为精准扶贫中促进农产品食品安全的重要形式和重要机制。特别是近年来食品安全治理被政府和媒体单独提出来，同时也作为农村精准扶贫的重要基础。例如，2005年，浙江省嘉兴市的畜禽、水产、蔬菜、生猪的抽检合格率分别为91%、100%、97.5%、99.2%，而农民合作社对应的合格率都是100%。2006年四种产品的抽检合格率分别为99.2%、92.2%、99%和99.5%，农民合作社的合格率仍为100%[④]。2013—2016年，烟台市有效使用绿色食品标志的农民合作社数量分别为83，80，73和69家，分别占当年全市有效使用绿色食品标志认证主体总数的50.9%、49.7%、45.9%和41.1%[⑤]。2016年四川省甘孜州有32.7%的农民合作社获得无公害产品认证、绿色食品

① 新华社. 全国农民专业合作社数量达193万多家[EB/OL]. (2017-09-05) [2017-09-05]. http:www. gov.cn/shuju/2017-09/05/content_c222732.html.

② 人民网—中国共产党新闻网. 精准扶贫[EB/OL]. (2017-09-06) [2017-09-06]. http://theory. people. com. cn/n1/2017/0906/c413700-29519521. html

③ 新华社. "一定绣好'精准扶贫'这朵花"——习近平总书记参加四川代表团审议时的重要讲话在会场内外引起热烈反响[EB/OL]. (2017-03-09) [2017-03-09]. http://www. cac. gov. cn/2017-03/09/ c_1120593890. htm

④ 任婧元、葛永元. 农村合作经济组织在农产品质量安全中的作用机制分析——以浙江省嘉兴市为例 [J]. 农业经济问题, 2008 (9).

⑤ 丁锁、臧宏伟. 农民合作社发展绿色食品产业的现状调查与思考——以山东省烟台市为例[J]. 农业科技管理, 2017 (4).

认证或有机农产品认证，这类农产品经过分类分级后成为高端农产品，有利于合作社自身的品牌建设[①]。总体而言，农民合作社在食品安全治理方面发挥了促进技术标准化、统一化、国际化、品牌化等重要作用，从生产源头上控制农产品质量安全。同时生产符合食品安全标准的农产品也能从根本上稳定销售渠道，特别是与国内外超大型食品企业进行对接后，更能发挥产业化和规模化效应，从根本上提高农民收入水平和组织水平。例如伊利集团从2008年开始实施"公司+合作社+农户"的形式，建立了由奶牛养殖户、政府职能部门、奶站经营者等组成的奶牛合作社。合作社可获得伊利公司牛奶销售返利和销售让利，合作社每购进1吨伊利饲料可享受伊利集团补贴150元，向伊利公司交售1吨商品可得到补贴150元，机械榨乳每吨奶可享受补助50元。奶牛合作社的每头奶牛较建社前可增收400元[②]。

以上是从经济角度体现了农民合作社参与食品安全治理产生出规模化和产业化效应，食品安全治理水平的提高也促进农业现代化的快速发展。从社会学的角度来看，农民合作社成为食品安全治理的重要主体，在促进食品安全的社会共治体系，以及农村社会可持续发展等方面，具有深远的社会意义。大致体现在以下几个方面：

（1）农民合作社成为农村风险治理的重要主体，成为研究乡村韧性的切入点。食品安全问题不仅要作为经济生产问题来看待，也应被置于"社会风险"的框架中去思考风险社会治理问题。特别是在广大农村，随着食品和农产品规模化和工业化的深入发展，农村的风险不仅是地震、台风、洪水、干旱、泥石流、病虫等传统自然灾害，食品安全风险成为不可忽视的人为风险。特别是在人口外流村庄原子化的农村空心化背景下，通过自发自愿或者是乡村能人动员组织的专业合作社，不仅被视为促进生产的经济组织，也可被视为是主动抵御外在风险，形成韧性乡村社会韧性的风险管理组织。"韧性"是风险社会治理体系中的重要概念，其前提假设是个体，群体与社会，都是一个各部分相互依赖，相互互动，自我参照，自我管理，且在外在压力冲击下自我修复的有机系统，在系统论的前提下，其定位为"决定了一个系统内部各种关系的持续性，是一种测量系统吸收诸多情形变量产生变化的能力，这种能力能够驱动变量和参数并且能够保持承受状态"[③]。随着多元化

---

① 郗正鸿,魏顺泽.种植专业合作社纵向一体化精英对农产品质量安全的影响——基于四川甘阿地区的调研[J].安徽农业科学,2017(23).

② 张梅、郭翔宇.食品质量安全中农业合作社的作用分析[J].东北农业大学学报(社会科学版),2011(2).

③ Holling C S. Resilience and Stability of Ecological Systems Annual Review of Ecology and Systematics, 1973 (4) : 1 -23.

风险在时空维度的肆意扩张，抵御风险的主体从个体拓展到家庭，社区，地区，甚至是民族国家，韧性的概念出现了个体韧性，家庭韧性，社区韧性，地域韧性等多种类型。此概念在2008年汶川大地震之后被介绍到中国，成为研究灾后重建中社会恢复活力的重要概念，后又引入到农村社会精准扶贫，甚至是被视为乡村振兴的重要动力。具有代表性的是李雪萍将韧性引入农村反贫困研究中，强调个体韧性，家庭韧性，社区韧性，政府韧性的增强，可以促进连片贫困农村农牧民生计的可持续性[①]。芦恒明确从风险治理角度理解乡村振兴战略，强调社区韧性所具有的内固性、储备性、资源动员性、快速性等属性，分析乡村形成社区韧性的机制和条件[②]。从韧性角度来看的话，为了规避小农分散性抵御风险的压力，农民自发组织起来的合作社是适应和应对食品安全风险的理性行为。农民合作社的基本属性在于组织的内固性，其内部基于熟人社会建立起来的信任和合作传统，是内固性的基础，再加上合作社通过平时开展统一的技术培训，统一采购有机化肥，为抵御突发食品安全风险做好储备性基础，风险到来时也能快速动员现有的技术和社会资源共同分散和抵御风险的危害性。可见，合作社结社抵御风险的过程也被视为风险治理的重要内容，中国农村通过合作结社的方式，在化解食品安全风险方面起到重要作用，同时也成为我们从学理上和公共政策上培育乡村韧性的重要切入点。换言之，怎样化解农村食品安全风险，可被视为培育和检验乡村韧性的重要基础。

（2）农民合作社参与食品安全治理彰显社会自我保护的内在潜能。纵观人类工业化发展和全球化的历史进程，食品安全问题实际上是现代性困境的产物，特别是在强调国家减少对市场约束力和规制力的新自由主义政治经济浪潮下，一味强调资本自由流动的市场力量逐渐形同脱缰野马，追求利润最大化。食品市场亦如此，现代食品产业随着生产者和消费者逐渐被无数中间商和中间环节分隔开，可控性和统一性逐渐减弱，消费者完全在此过程中失去判断和选择的主动性。特别是对于小农而言，叶敬忠等人批判现代农业食物供应链将小农从专家变为无知。"随着全球食物链的日益发展，诸多农业活动被外部化了，这些形式的耕作系统被整合进新的制度中，种子的选育、肥料生产和使用、病虫害的控制等方面已经超出了农民的知识系统范

① 陈艾、李雪萍. 脆弱性—韧性：连片特困地区的可持续生计分析 [J]. 社会主义研究, 2015（2）.
② 芦恒, 芮东根. "韧性"与"公共性"：乡村振兴的双重动力与衰退地域重建 [J]. 中国农业大学学报（社会科学版）, 2019（1）.

围。"①行文至此，异化的食品利益链日益扩张的同时必定进入了波兰尼著名的"双向运动"理论框架之中，社会的有机性必定使其自身并非被动为市场异化所危害，而是在有压力的同时有一种自我保护的力量。"波兰尼认为市场机制的悲剧主要是社会性和文化性的，从乡村定居者变成无根的游民是文化的瓦解，因此阶级也是社会性的而非经济型的。市场制威胁的是社会整体的利益，不同经济阶层的人会不自觉地奋起对抗危机。这是其社会整体观的集中表现"。②波兰尼的社会整体观也有社会系统论的色彩，强调社会系统的自我修复能力。因此，对于中国的小农也如此，小农并非因为其规模小和个体化耕作形式而与"非理性"和"非组织化"划为等号，而是一个嵌入于复杂社会结构的主体。正如徐勇，邓大才等人提出"社会化小农"概念区别于传统的小农定位一样，他们认为传统关于小农行为和动机研究都将小农定位为追求利润最大化的理性小农，追求生存最大化的生存小农，追求剥削最小化的弱势小农，以及追求效用最大化的效用小农。但这些定位忽略了历史和社会发展的多元性和复杂性，小农也是嵌入到复杂的社会转型结构和公共政策制度环境之中的社会化小农，其行为和动机从追求获得食物的"吃饱生存伦理"转向促进全面发展的货币的"发展性货币伦理"。"社会化需要货币媒介和货币支撑，而货币支出是家庭社会化的交易成本。按照农户偏好，家庭货币支出可以进行排序，依次为：子女教育支出，医疗保健支出，生产支出，人情往来支出，最后是生活社会化所需要的其他货币支出……另外还有非日常性的婚丧嫁娶建房支出"。③可见，高度嵌入到人类现代社会政治经济文化结构的"小农"，在面对食品安全风险时，对其而言，不仅简单被视为是食品不安全影响生存的危机，而是在高度工业化结构中的脆弱性问题，于是体现出了小农特有的灵活性，重新组织结社，运用集体性形成自我保护的力量。

（3）农民合作社参与食品安全治理也是乡村公共性重建的重要形式。进入21世纪以来，中国农村出现了较为严重的农产品危机，表面上是政府失灵或市场失灵的产物，但从社会系统论的角度上看，危机源头在于农村空心化背景下的乡村公共性危机。"公共性"是社会科学的重要概念和理论框架。特别是在20世纪80年代以来强调市场全面进入国家退出的全球新自由主

义浪潮下，政府被迫减少对于基础公共服务的投入，在政策上减少对于市场和资本的规制，随即使得农村人口大量外流出现公共服务和社会结构原子化的农村空心化困境。大量农村人口涌入城市后，又缺乏政府和政策的保护和提供公共服务，只能从事收入低苦脏累的非正式工作，随着公共服务和社会保障的日益减少，逐渐形成即使努力工作仍然贫困的工作贫困（working poor）困境。此类新自由主义发展模式肆虐于世界各国在学术界的反映就是重新将"公共性"，这一古老概念带回到社会科学研究之中。"公共性"最开始是一个充满自由主义色彩的概念，是指在国家与市场，社会对立关系中，强调市场和社会对于政府公权力有约束的作用和义务，在与政府的对立互动中形成的平衡关系，被称为公共性，偏向一种将市场和社会从政府垄断体系中释放出来的"解放性"。这种自由主义色彩的公共性概念成为政治学的重要范式，但是对于涂尔干和韦伯传统下的社会学传统而言，公共性常在社会系统论传统下被加以重新诠释。即社会是一个各个组成部分相互联结和互动的有机体、政府、社会组织、个体之间在互动和演化过程中体现出的平衡关系，被视为一种公共性。各个主体都各司其职，发挥各自的功能。例如政府有提供社会基础公共设施和公共服务的义务和功能，体现出公益性；社会成员和社会组织则是要发挥积极参与和互动的作用，体现出公民性；此外，政府要遵守公平分配公共服务资源维护公共利益的价值伦理，体现出公正性；最后信息的公开性也是媒体等社会主体应该做到的义务。①总之，研究者在公共性的框架下看待农民组织起来控制和抵御食品安全问题的话，应该强调这并非是与政府对着干的"官逼民反"行为，反而是促进地方政府与农民进行互动的良性途径。一方面，农民组织控制食品安全的过程，也促进当地政府推行乡村精准扶贫和乡村振兴找到政策的"抓手"，成为迅速提升政府公信力的"民生工程"，也会大力投入资金和政治资源，通过打造食品安全农民合作社典型的形式，充分体现政府在提供公共服务方面应有公益性；另一方面，农民合作社也作为地方政府与小农之间的中介组织，弥补地方政府不能完全覆盖的社会福利性，运用自身的集体保护性为小农提供一些社会福利。例如，一些通过控制食品安全增收的合作社内部建立资助下一代读书的福利机制，为保证农家子弟获得良好教育，从社会的角度提供重要的公共福利保障。一则相关报道充分展示了这种农民组织提供的福利性：

"2017年，是响水县兴旺小杂粮农民专业合作社成立10周年，合作社举办了

---

① 关于公共性的两大传统和基本内容，参考芦恒，芮东根. "抗逆力"与"公共性"：乡村振兴的双重动力与衰退地域重建[J]. 中国农业大学学报（社会科学版），2019（1）.

一系列纪念活动，组织成员先后赴盐城、苏州等地参观学习，印制了水杯、雨伞、手提包、农事记录簿等有合作社字样的小礼品，分发给每户合作社成员，对两位考上大学的合作社成员子女每人奖励1 000元，这一系列活动收到合作社成员的高度评价，深感加入合作社的好处。2017年，合作社开始打造‘一村一品’杂粮专业村，黑大麦、黑小麦、黑香糯米、黑豆等品种杂粮基地陆续建成”。[①]可见，食品安全将农民的反贫困、农村集体福利，以及信任感认同感加深等问题串联在一起，促进农民参与公共事务，保障农民公共福利，维护农民公共利益等公共性问题，都从食品安全这一切入点得以发展和推动。

6.2　社区支持农业的食品安全治理模式：城乡合作下的自我保护

21世纪以降，随着中国城市社区治理和乡村振兴的双重社会发展战略的深入开展，越来越多的学者认为“城乡”才是理解中国不同于西方社会变迁和发展的关键性框架。具有代表性的是何雪松明确提出“城乡社会学”的概念，认为费孝通对于研究乡镇企业的工业下乡发展路径开创了城乡社会学的中国传统，强调在城乡二元对立之间提供新的可能性，同时聚焦中国城乡关系中的城与乡。因为中国城乡具有复杂性，中国的城是在乡里面，中国的乡是在城里面……城乡社会学强调‘线’，人在城乡关系之中的变动需要放在关系脉络之中进行理解[②]。田毅鹏从城乡混住化、城乡兼业化、城乡生活模式趋同化等新社会形态出发，强调“地域社会学”代替单一研究城市或乡村的农村社会学和城市社会学，强调研究城乡的统合性，连带性，关联性，动态性。[③]

同理，食品安全问题也并非农村或者城市单一社会空间出现的风险，而是从城乡关系的角度上促进政府认识到农村是城市食品安全食物链危机的源头，城市的食品消费工业化和标准化需求，也加深了农产品为符合城市消费者口味和标准化生产而形成的“过度加工化”危机。但这仅仅是问题视角的城乡关系，殊不知，近10年来，中国城市中产阶层消费者、民间组织，以及高校强调行动研究的社会学和社会工作学者，积极推广社区支持农业模式，

---

① 江苏省盐城市响水县兴旺小杂粮农民专业合作社入了社都说好[J].中国农民合作社,2018(1).

② 何雪松.城乡社会学：观察中国社会转向的一个视角[J].南京社会科学,2019(1).

③ 田毅鹏.地域社会学：何以可能？何以可为？——以战后日本城乡“过密—过疏”问题研究为中心[J].社会学研究,2012(5).

将农产品的生产者和生产地与城市消费者直接对接，以一种具有互动性的稳定性城乡沟通网络的形式控制和保障食品安全。社区支持农业（Community Supported Agriculture，CSA），"是一种新兴的生态型都市农业，是由消费者支持农场运作的生产模式，也就是说，个人组成消费者社区后，他们许诺支持农场的运行，共同提前向农场支付预订款，从而使该农场或合法或合情合理地成为该社区的农场，农场则向其供应安全的农产品，从而实现生产者和消费者相互支持、利益共享、风险共担的合作形式"①。从发展历程来看，最早的社区支持农业模式起源于20世纪60年代日本的"提携运动"（Teikei movement），是民众对于当时频繁出现的水俣病、第二水俣病、四日市哮喘、疼痛病等食品污染事件的主动回应，通过农户与消费者的直接联系，建立一条短链食物供给来保证食品安全。②后来在20世纪80年代兴起的美国订单农业就是一种典型的社区支持农业模式，除了建立专门的配送制以外，农场还设置了实体店。③21世纪的前10年以来，随着中国食品安全问题成为深入日常生活的民生问题，社区支持农业逐渐成为中国社会自发参与食品安全治理的重要方式。2009年以来，北京、上海、广东等地陆续出现了形式多样的社区支持农业模式。据估算，截至2016年初，国内社区支持农业项目已达300多个，分布在全国近20个省市。④

总体而言，中国的社区支持农业参与食品安全治理具有明显的"精英领导"特点。根据精英的类型，大致划分为高校学者型社区支持农业和经济民间精英型社区支持农业模式。

首先是高校学者主导的社区支持农业模式。20世纪90年代以来国内高校诸如农村发展专业、社会工作、人类学、社会学等一些强调行动研究的专业学者及其学生，开始以建立实习基地的形式在农村将当地农民组织起来，将农民的绿色农产品直接销售到北上广城市中产阶层社区。较早进行探索的是2009年中国人民大学农村发展学院支持石嫣博士发起"小毛驴"市民农园，地点选在北京市海淀区苏家坨镇后沙涧村，第一年共招募到54个份额成

---

① 陆继霞. 替代性食物体系的特征与发展困境——以社区支持农业和巢状市场为例 [J]. 贵州社会科学, 2016 (4).

② 曹磊, 覃梦妮, 张莉侠, 周洲, 高慧琛. 日本提携运动的做法对乡村振兴战略下中国社区支持农业的启示 [J]. 上海农业学报, 2019 (2).

③ 李娇. 食品安全视角下的社区支持农业 (CSA) 发展对策探析 [MA], 2017年烟台大学专业学位硕士论文.

④ 陆继霞. 替代性食物体系的特征与发展困境——以社区支持农业和巢状市场为例 [J]. 贵州社会科学, 2016 (4).

员，其中17户是劳动份额成员，37户是配送份额成员。2010年成员数量已经增长到660户，其中劳动份额120户，常季（6—11月）配送份额280户，冬季（12—5月）配送份额260户。劳动份额是指"小毛驴"提供一块30平方米的农地以及工具、种子、水、有机肥等物质投入和必要的技术指导等服务，市民完全依靠自身劳动投入进行生态农业耕作和收获。劳动份额的费用1 500元/期，租期为1年。配送份额是指由农业工厂工作人员统一规划种植蔬菜，定期供应给份额成员的形式。供应频率为每星期一次，每周蔬菜品种不少于3种，分为20周配送到门；半年的配送到家的份额费用为2 000元，农场自取为1 400元，并增加了两个位于市区的取菜点，取菜点取菜为1 700元。①"小毛驴"的发展不断壮大，国际声誉不断扩大，也吸引了国外官方和民间的农业组织来交流参观。例如，2019年3月1日上午，韩国农业改善委员会（总统顾问）委员长、韩国地方政府社科院院长、韩国地区发展基金会理事长朴珍道先生（PARK jindo）带领其基金会乡建团队一行16人来到"小毛驴"市民农园考察交流，专程来北京考察中国的乡建实践点和案例②。此外，由高校专业学者推动社区支持农业参与食品安全治理的典型还有一种名为"巢状市场"的模式。2010年，中国农业大学人文与发展学院叶敬忠教授在河北省太行山区易县坡仓乡桑岗村开设巢状市场扶贫基地。该团队首先做的是摸清参与实验的70户小农的优势，将农户院里的家禽，菜园里种植的蔬菜品种，以及当地纯手工生产的红薯粉条等小农户分散的农产品与城市的消费者一一对接，"就像'鸟巢'一样，中间相互连在一起，一个一个节点像蜂窝状，每个节点就是生产者和消费者的联系，紧紧团结，享有共同的'价值观'。巢状市场的基本运作流程是：消费者下单—村庄小组长整理订单—农户提供产品—小组长包装—送货给消费者—消费者取货交钱—小组长将现金交给农户—消费者反馈"③。除了扶贫增收，食品安全也是巢状市场的重要目标。叶教授团队鼓励农民种植老品种，开展了乡土品种的留存和保护实验。2014年，桑岗村共有5位村民参与老品种种植，其中包括乡土品种种类如玉米、

---

① 关于小毛驴介绍参考石嫣，程存旺，雷鹏，朱艺，贾阳，温铁军. 生态型都市农业发展与城市中等收入群体兴起相关性分析——基于"小毛驴市民农园"社区支持农业（CSA）运作的参与式研究［J］. 贵州社会科学，2011（2）.

② 小毛驴市民农园微信公众号. 厉害啦，我的哥：韩国乡村建设组织KRDF考察小毛驴市民农园［EB/OL］.（2019-03-01）［2019-03-01］. https://mp.weixin.qq.com/s?src=11&timestamp=1662382093&ver=40268&signature=Vm9A-x4-TejPHBt2rs2Jib*t3*YYmwS3Ndx&KEy7qOtwYpsBI/mLfY4krIAyvFM9PiTfoSGS2Q2S7Z107375PXQ24Gs-no2gKLEGHHA6XFWXHsSAdTCTLgmqjPGZ&new=1.

③ 中国青年报. 教授的"小农"扶贫试验［EB/OL］.（2017-07-19）［2017-07-19］. http://mzqb.cyol.com/htm/2017-07/19/content_236660.html.

谷子、小豆、高粱等。2016年，桑岗村共有9位村民参与乡土品种种植，其中包括玉米、谷子、小豆、绿豆、芝麻等。2017年增加到13位村民参与乡土品种种植，包括黄马牙玉米、谷子、小豆、绿豆、芝麻、高粱、荞麦等①。除了农民自觉运用土方法生产绿色农产品之外，巢状项目组还邀请农村当地人信任的有威望的地方精英作为食品安全监督员。例如，赵荣华是村里受人尊敬、性格外向的63岁退休小学教师，"在说明道理的基础上，通过展示村内'种植能手'的农产品让提供未达标产品的农户心服口服；与此同时，她还会经常帮农户抬货、筛货，就这样，生产农户非但没有因她拒绝接收不达标的农产品而不满，反而愈加重视农产品的质量问题。"②

此外，"绿耕模式"是国内南方学者开展社区支持农业的典型模式。从2001年开始，杨锡聪、古学斌、张和清等香港理工大学、云南大学、中山大学的学者，在云南平寨建立农村社会工作实习基地，2011年注册成立了"广东绿耕社会工作发展中心"。该中心明确竖立三大发展方向：农村、民族、灾害社会工作实践项目；城乡合作网络；行业培训与同伴支持。其宗旨为扎根社区，精耕细作，保护弱势，彰显公义。该组织从云南扩大到广东从化、四川映秀、四川雅安、湖南怀化、广东珠海等地，建立了将农村失偶女性，留守女性等农村弱势群体包含在内的农民组织互助生产组，通过推广不加工业肥料的老品种耕作生产绿色食品。同时该中心在城市建立消费者网络，正式注册公平贸易实体店等社会企业，后又在纯粹的工业化乡村探索农村社区重建之路，最终形成了"驻村工作""整合社会工作""社会经济""社区组织""能力建设""资产为本的社区发展""文化行动"的五位一体的中国社区为本的整合社会工作实践模式③。总之，高校学者引领的食品安全治理行动，因其具有浓厚的知识分子的家国情怀和专业知识，以及政策咨询、商业咨询等联结国家与市场中介作用，对于促进食品安全治理的系统性、专业性、科学性、标准性发展具有十分深远的意义。

其次，民间中产阶层的公益性社区支持农业模式，也是国内重要的食品安全治理模式。随着中国市场经济的深入开展，加之中国全球化规模的日益拓展，在资本全球传播和流动的同时，不同于原来企业和组织做公益传统模

---

① 中国农业大学人发学院社会食物研究团队.一个乡土老品种保护的村庄行动[J].中国农业大学学报（社会科学版），2020，31（02）：1+137.

② 赵荣华：产品质量把关是个得罪人的差事[OL]，https://mp.weixin.qq.com/s/lEBVHoBiSqEOXH03P4kIig.2010.09.

③ 张和清，杨锡聪.社区为本的整合社会工作实践——理论、实务与绿耕经验[M]，北京：社会科学文献出版社，2016：3，7，10.

式的"微公益"模式，也逐渐影响着中国中产阶层。一些白领甚至金领，也有一些体制内管理干部辞职，专职自发组织一些社区支持农业的民间组织，成为食品安全治理的重要力量。例如，天福园有机农庄的创建者张志敏，从事农产品国际贸易20多年，精通多种语言的城市金领。2000年兴建有机农庄。该农庄占地150亩。"天福园有机基地多样化的农作物、植物不仅有利于改良土壤、净化空气、抑制病虫害，还为养殖畜禽提供营养丰富的饲料；养殖畜禽既可以为植物生长提供肥料，又可以利用畜禽杀菌、除虫、除草。经过几年的建设，在天福园内，多种种养结合的生产体系已经形成，并实现了系统内营养物质的循环。天福园的有机农业发展改善了土壤，一些消失多年的植物种类在天福园的土壤里恢复生长。[①]再例如，广州沃土工坊社会企业，由原南方报业工作人员朱明于2006年创立，目前有合作农户100户。特别选择一些本来就接近生态种养的农户。比如连山地区农民有稻田养鱼的传统，就重点与那边的农户对接。还有一些合作农户是返乡青年人。比如云南的谢雪梅，在桂林的双山自然农园实习一年后，返回云南老家，种植有机天竺葵，并提取精油，再由沃土工坊制作成护肤产品。沃土工坊的销售渠道主要是深圳、广州、珠海等地的华德福学校、幼儿园的食堂，家长们也会订购。销售额的70%由农户获得，收入明显高于一般的种植。比如，连山地区的农户本来种一亩水稻的收成是800斤，大约卖到1 200元，与沃土工坊合作后，尽管生态水稻产量降到每亩600斤，但由于每斤稻米的收购价在3.5元左右，最终一亩地收益会增加到2 000元左右。[②]

总之，当今中国的食品安全治理体系并非只是以前政府全能主义监管的单一模式，日本、美国等发达国家社会力量参与食品安全治理的经验和特点也能在国内找到类似的案例，当今国内的社会力量参与食品安全治理体现出与国际接轨的新趋势，此类新趋势大体表现出以下社会意义：

（1）具有强烈的社会自觉性和主体性。21世纪头10年以来，中国社会力量参与食品安全治理的态势方兴未艾，其蓬勃发展的根本原因不仅是国家的动员，而在于高速经济发展相伴生出一个自觉性和主体性合一的社会力量。一方面，面对日益严重的深入日常生活世界的食品安全风险，社会自觉进行反思进行回应。有学者称之为"底层的食物自保运动"，是"通过小农和部分城市食物消费者以及学者和实践者为主体的新型社会关系或者网络的

---

① 张志敏. 北京CSA农场简介［EB/OL］.（2013-06-21）［2013-06-28］. https://www.aiguxiang.com. cn/545.html.

② 张宁. 马克思劳动价值论视角下生态农产品价值实现路径研究——从广州沃土工坊CSA模式为例［D］. 广东海洋大学，2019. DOI:10.27788/d.cnkl.ggdhy.20.9.000038.

建立，将食物生产和消费环节直接对接，减少中间环节，重构食物信任关系的一场实践"[1]。中国的食物自保运动首先体现在小农会采用"一家两制"的种植方法来应对食品安全，一方面采用大量使用化肥、农药、抗生素的方法销售给市场的陌生人，另一方面在自家的自留地运用老方法种植安全农作物给家人吃。其次表现在城市中产阶层和知识分子采取的社区支持农业模式来抵御食品安全风险。[2]可见，社会成员，特别是小农此类传统的弱势群体，在高风险面前，并非被动盲从，也具有理性和主体性，采取自我保护的积极策略来应对风险。另一方面，国内的社区支持农业模式除了自保意义之外，还具有强烈的公共参与性。"自保"概念背后仍然是一种被动应对风险的主体性行为，或者是抵御风险初级阶段的行为表现。但随着城市中产阶层和行动研究学者的引导和培训，农民自身具有的合作性和参与性重新被激活。传统农村都有换工互助、边工互助、合作修祠堂、合作修桥路等参与公共事务的传统。在当代农村人口外流空心化背景下，公共参与式微。但是，农民在社区支持农业的过程中，并非只是种植安全食品谋利，也逐渐恢复参与合作和公共事务的意识。

例如，"绿耕组织"鼓励广州市从化区两口镇仙娘溪村农民合作修建公共广场。村民想改建大集体时公共饭堂旧址，然后由驻村社工牵头，联系了深圳大学建筑系老师进行设计，并提出由村民自己捐工捐料，建一个有特色的广场，材料方面要就地取材，尽量利用村民的建筑废料。然后根据村庄现有建筑材料做了简单的捐工捐料统计表，由村子五个社长发放到各个小组村民填写。之后包括村里年轻人、五保户在内的村民，都积极参加铺设广场过程之中来。尽管中途因收割水稻而停工，但农民完成各自的割禾任务之后，主动继续参与到广场铺设中来。最后广场以及广场旁边的舞台也一起建造完成。有居民感慨道：如果我们变了，村子就变了[3]。可见，小农自身参与公共活动和公共服务的主体性并非消解，不能只从问题意识来看待小农的消极性和被动性。研究者并非因为小农具有"小而散"的特点就将其与原子化画等号，也不能认为他们只是顺从朴素的"生存伦理"，若生存得到保障，他们自然恢复小农的亲社会亲自然属性。可见，当今的社区支持农业的食品安

① 张丽，王振，齐顾波. 中国食品安全危机背景下的底层食物自保运动 [J]. 经济社会体制比较, 2017 (2)：114-123.

② 张丽，王振，齐顾波. 中国食品安全危机背景下的底层食物自保运动 [J]. 经济社会体制比较, 2017 (2)：114-123.

③ 广东绿耕城乡互助社微信公众号. 一星广场，点亮村庄 [EB/OL]. (2018-01-03) [2018-01-03]. https://mp.weixin.qq.com/s/ML1dZcv5-ubb-Y5xvGEE9g

全治理模式遵从了小农的生存伦理，同时也激活其公共伦理，在农村空心化背景下激活农民参与公共生活，合作提供公共服务的机制尤为重要。

（2）城乡交流与城乡连续体构建。"城乡性"一直是人类进入工业社会以来影响社会发展的重要因素，现代人类文明可以说是在城强乡衰的往复张力过程中向前演进的。但是现代文明，尤其是现代工业文明以及发展主义，往往加速城乡之间的分割，甚至是对抗。特别对于一直有着农业文明传统的中国而言，城乡二元分立式思维不仅不适用于研究近代国家工业化变革，同样也不适用于我们看待当下改革开放后中国社会可持续发展问题。同理，食品安全治理亦如此，近几年发展迅猛的社区支持农业的食品安全治理模式，除了从促进农村发展以及乡村振兴的角度来理解，更为重要的是从加速城乡沟通交流，以及城乡连续体社会建设的角度去理解其重要理论与实践意义。社区支持农业的最鲜明特色在于同时激活城市和乡村的资源和社会优势，一方面挖掘城市消费者的消费能力，激活中产阶层追求健康生活意识和社会文化资本；另一方面，挖掘小农自身的地方性知识，亲自然性以及亲社会性等特有优势。社区支持农业模式促进城市消费者购买高价农村绿色产品的前提，是首先要加强城市消费者与小农之间的信息对称。因此，大部分从事社区支持农业的民间组织，都将组织城市消费者去原产地参观以及与农户对接交流的活动，作为其运营的重要内容。

时间：2017年7月8—9日

地点：河北易县坡仓乡宝石村

活动目的：实地考察农户农产品的生产环节及环境；品尝农产品，感受健康食品的魅力；参与农事劳作，在劳动中认识自然；观赏风景，感受易县悠久的历史文化。

活动过程：早上9点出发；中午到达村庄，在入住家庭中品尝农家午饭（当地的野菜、传统老豆腐、腌制咸鸭蛋、土鸡蛋等）；下午参观农民赵全乐的果园及种植养殖场所，到菜园采摘蔬菜，与农户交流；第二天上午，参观农户新伟家的养羊、养鸭、养鸡场所及老品种种植情况；参观农户郭海燕的豆腐工作坊，品尝传统老豆腐；认识、采摘村庄中野生药食同源的蔬菜：野生薄荷、野生紫苏、野生芹菜、野生黄芩、野生大蒜等；用完午餐后返京。①

---

① 叶敬忠，贺聪志. 基于小农户生产的扶贫实践与理论探索——从"巢状市场小农扶贫试验"为例[J]. 中国社会科学, 2019（02）：137-158+207.

　　以中国农业大学巢状市场团队在微信公众号发布的城乡交流通知为例，我们可以从中看到，首要目的就是"实地考察农户农产品的生产环节"。强调补充城市消费者对于食品如何"安全"的信息，这种信息对称是通过"亲自考察和品尝，参与农事劳作"等亲身体验和主动参与来获得。此外，菜谱中强调"当地野菜""传统老豆腐""土鸡蛋"等乡土性，亲自然性的食品安全信息，最后强调野生薄荷、野生紫苏、野生芹菜、野生黄芩、野生大蒜等野生的药食同源的蔬菜的食品安全与养生的双重功效。由此可见，信息对称性是城乡居民交流的重要前提。

　　此外，除了食品安全的主题之外，城乡交流重点还在于一种亲自然，可持续价值理念的传播和教育。除了组织城市消费者成年人群体之外，面对城市儿童青少年的城乡夏令营也是社区支持农业模式的重要内容。以2019年7月小毛驴市民农园举办的内蒙古牧区游学为例，其明确的口号为"放飞草原，做地道牧民"，主要开展内容为领略天然的草原风光：在草地上打滚奔跑。看日出、晒星光，向当地牧民学习认识草原植物、中草药；学习蒙古族传统生活智慧：搭建蒙古包，放牧牛羊，捡拾草原瑰宝牛粪，挤牛奶煮奶茶，做奶豆腐，用羊毛制作手工艺品等；学习男儿三艺：骑马、射箭、摔跤、勇气友善以礼相待；领略蒙古族文化：参观蒙古族博物馆、敖包文化、白马文化、下马酒、长调牧歌、马头琴等①。从社会学的角度看，代际传承、代际流动等代际问题也是塑造社会结构和阶层意识的重要机制。同理，食品安全治理的源头也在于人们树立热爱自然亲自然的生活观和人生观。而青少年的绿色生活人生观的形成尤为重要，众多社区支持农业民间组织的城乡活动已经从单纯的实地考察生产地，拓展到培养下一代绿色生态价值观的代际食品安全教育阶段。青少年在人生观价值观形成的重要阶段就通过对于包括少数民族地区农村生活的体验，学习地方性知识，学习平等尊重多元化地方居民和地方文化的价值观念。郭占锋、李琳等学者重新意识到索罗金早在1929年《城乡社会学原理》中提出的"城乡连续体"，对于当今中国可持续发展的重要性，"索罗金城乡差异确实存在，农村人口素质不低于城市人口，相反在一些方面是更胜于城市人口。因此，城市社区和农村社区是彼此需要，不可分离……他指出，城乡关系将会是一种抛物线"的趋势发展。起初，城乡差异较小，之后二者差异会逐步扩大，但不是持久性的扩大，随后

---

① 小毛驴市民农园微信公众号. 2019燕山暑期活动总览：自然、乡土、生活，有温度有色彩! [EB/OL].（2019-06-07）[2019-06-07]. https://mp. weixin. qq. com/s/szo2vZWe9xCKEyg6XicjSQ.

便逐步缩小，在乡村地区形成乡村城市化。因此，郭占锋等学者强调城乡连续体建设的重要性，并从国家体制、社区组织与个人行动出发探索具体策略。①可见，社区支持农业的深远意义除了体现在食品安全治理方面，还体现在国家体制之外，在个人行动和社区组织方面积极促进中国城乡连续体建设。而其中的个人行动，也应包括儿童青少年，从社会化角度构建出城乡连续体的社会环境，才能将城乡连续性内化为个人的人生观。此外，社区也应扩展到中国广阔的少数民族地区，城乡连续体的内涵为此也增添了多元性和差异性基础上的融合之意。

（3）形成多元主体社会共治的食品安全治理新模式。从参与主体来看，社区支持农业是一个须有多个主体共同参与协同治理的复杂过程。从推动者而言，除了有民间公益人士，还有治理与行动研究高校的文科学者。一般而言，我们认为高校主体如果参与食品安全治理的话，大部分成员应该是来自食品工程、农业科技的理工科学专家学者，但有意思的现象是社会科学学者也积极参与其中，特别是社会工作、人类学、参与式发展等学科，不仅具有理论解释性，还强调田野参与性和介入改造社会的学术政治性。即运营赋权、内生性发展等范式，主动介入社区生活，链接物质和社会资源，改造社区权力结构，形塑居民的生活方式和价值观念。除此之外，作为治理载体的民间组织，也分为农民合作社，社会工作组织，公益民间组织，社会企业。例如前面提及的小毛驴市民农园是民间公益组织，绿耕社会工作发展中心同时具有社会工作机构和社会企业的角色；巢状市场则是高校研究实习基地项目组织。这些不同组织结构的组织也经常合作参与食品安全治理。比如身为社会企业的沃土工坊与作为民间组织的广西柳州爱农会一起合作，因其开设的"土生良品"餐厅消耗农产品有限，沃土工坊帮助其销售部分产品。此外，还因为绿耕中心较多精力集中于社工项目，沃土工坊帮其销售农产品。此外，爱农会和绿耕中心的合作农户同时也是沃土工坊的合作农户，彼此共享资源。②此外，政府和高校也是参与监管社区支持农业组织的重要主体。以小毛驴市民农园为例，上级政府通过设在小毛驴管理层和执行层中的代表了解和监督管理情况；高校方面则有三位中国人民大学实习生定期向校

---

① 郭占锋, 李琳. 索罗金关于城乡社会学的研究及其对中国的启示 [J]. 中国农业大学学报 (社会科学版), 2018 (4).

② 张宁. 马克思劳动价值论视角下生态农产品价值实现路径研究——从广州沃土工坊CSA模式为例 [D]. 广东海洋大学, 2019. DOI:10.27788/d.cnkl.ggdhy.20.9.000038.

方反映情况。消费者每周末到农园参加劳动也起到监督作用。[①]可见，社区支持农业参与食品安全治理模式并非只是农民生产者和城市消费者两个主体之间的互动，也涉及多元主体的协调互动和监督过程。这种多元主体社会共治的模式形成了传统国家监管或者单一社会组织经营所不及的多元合力的新型食品安全治理模式。这种多元合治模式的作用，首先在于通过多种主体提供的多种信息渠道，解决了食品生产者、消费者、监督者的信息不对称困境，同时加入高校、媒体等主体，在其深入持久的引导介入中真正培养了小农的公共意识，从而解决农民搭便车的困境；其次在于建立一种内生性的信任结构。食品安全问题的症结在于生产者、消费者、中间组织，以及政府之间缺乏相互的合作信任，市场信任以及制度信任。通过社区支持农业的模式将多种在不同层面不同环节都能涉及的多元主体，吸纳到同一个管理和监督平台，通过相互嵌入式的合作和博弈等机制最终达成内在的规则。再次，加强政府的公共管理能力和责任。社区支持农业模式由于强调农民生产者选择长时间休养式农业，而城市消费者为这一耗时耗力产品而付出高于一般产品价格的财力。因此，买卖双方都涉及成本高昂的情况，如果政府不在资金技术上保障生产环节上的健康性，则会打破买卖双方高期待带来的平衡。因此，这种模式不等于政府放任不管，而是从参与主体的角度，对生产和消费的各个环节进行支持和监督，最终也能在这种精细的消费模式中提升政府的公共管理能力和公信力。

6.3 小结与讨论

众所周知，社会是一个有机体，尽管在现代工业社会带来的各类纷繁复杂的风险面前，个体显得弱小脆弱，但毕竟个人嵌入到社会组织和社会系统之中，社会本身作为一个系统有机体，其自身会对遭遇的自然和社会风险进行适应和回应。食品安全治理问题也如此。食品安全危机愈演愈烈之时，社会必然也会以自身的形式进行自我保护。前文提及的农民合作社和社区支持农业模式等中国现今两个食品安全治理模式，正是在风险之前社会自我保护的体现。这一社会自我保护机制体现出了尽管在中国小农耕作传统以及农村空心化的双重压力下，中国社会依然具有生机和活力，无论是小农，还是城市中产阶级精英，都有动员资源和链接社会资本的韧性，并且在中国独特

---

① 程存旺，周华东，石嫣，温铁军. 多元主体参与、生态农产品与信任——"小毛驴市民农园"参与式实验报告分析报告[J]. 兰州学刊，2011(12).

的城乡关系中形成两者联结与包容性的食品安全治理体系。同时政府、高校、媒体也作为治理主体参与其中，逐渐形成一个跨越城乡的食品安全治理体系。但是在乐观之余，也要客观看到中国农民合作社还具有权益性、短期性、功利性等工具理性缺陷。社区支持农业也日益显现出"精英权力化"的势头。这都是下一步值得思考和解决的问题，如何克服小农的工具理性，以及中产阶层的精英化垄断，都是探索中国特色食品安全治理的深层次问题。

第7章　日本食品安全治理模式的启示与中国的特殊性

　　制度的运行并非完美与自发的属性，而是嵌入于一定的社会结构之中，有赖于其所植根的社会关系状况。就日本政府在食品安全治理上的法律制度、政府机构的安排、技术检测等方面来看，它并没有什么过多的特别之处。厚生劳动省和农林水产省等机构的多部门分管形式，与我国的食品安全监管存在着各自为政，效率低下等同样的弊病。由此，才会有食品安全委员会的设立。在市场方面，我们不能定性日本的厂商就更为规范，或者日本的市场经济更能够自发调节，遏制假冒伪劣产品。不过总体来看，日本食品安全治理体系仍然具有重大的借鉴意义。特别是对于同处于东亚发展模式中的中国而言，日本的参考意义尤为重要。20世纪60年代以降，以日本为代表的"东亚模式"，"其内涵亦实现了从传统的赶超式发展模式、批判反思模式，向强调均衡协调性的社会建设模式的转换。……在东亚视野中认识中国，有利于突破传统西方中心的局限，回归发展主体地位，进而保持发展的自主性，对改革开放进程中的中国寻找发展坐标、确立自主发展道路具有重要意义"①。食品安全治理问题亦如此，中国模式也会从日本在协调国家、市场、社会三者关系的经验中收益良多。但同时，由于相近的颜色终究会有细微差别一样，尽管中日的社会发展都在国家、市场、社会的协调关系之中展开，但两国协调的前提关系则存在差异。总体而言，日本是在国弱分权的传统下，社会作为主体去协调国家、市场、社会三者关系；而中国是在国强集权的传统下，国家作为主体去协调三者关系。两者不分优劣伯仲，是两国不同政治治理体系和社会结构的产物。因此，研究者在探索中国特色食品安全治理体系之时，不能忽视国家作为政治和社会统合符号，在建构公共性和社会发展过程中所起到的积极作用，同时也在国家与社会二元合一的东亚传统脉络中，反思食品安全危机背后新自由主义的西方中心主义问题。

---

① 田毅鹏，夏可恒. 作为发展参照系的东亚——"东亚模式"研究40年[J]. 学术研究，2018（10）.

7.1　日本食品安全治理中的社会主体性对中国的启示

笔者在本书中一直将日本生协组织作为管窥日本社会发展情况的透视镜，希望通过聚焦于日本生协组织在食品安全方面开展的一系列活动，来分析食品安全治理领域中日本社会与市场以及国家三者之间的关系。事实上，现如今日本健全的食品安全体系并非一开始就如此。战后相当长的一段时期内，日本也发生了多起人为食品事故，产生严重的社会后果。比如，1955年日本发生的森永砒霜牛奶事件是因为奶粉中混入砒霜而造成12 159人中毒，其中131人死亡。发生在1968年的米糠油事件，中毒人数多达1 283人，28人死亡。因此在我们看来，以日本生协等社会组织为代表的社会的自我组织与自我保护，以及由此在社会、国家与市场之间所形成的良性制衡关系，才是构成日本食品安全治理的成功经验之所在。我们可以从下面四个方面进行深入分析。

7.1.1　食品安全治理的社会主体性与生活公共性对中国的启示

日本生协以食品安全这一重大民生问题作为组织民众的重要契机，突破了国家和市场的围墙，建立了自我治理的社会组织。这种模式在二战后强调国家主导的压缩式现代化，以及经济增长第一主义的话语体系中尤为难得。因为日本经济高速增长时期实际上出现了社会观念的没落。不过，正如法国著名学者图海纳所指出的，这在另一方面也促发了主体概念，主体的创造能力也取代原先维系社会生活整合的旧式原则。在此，重点是主体不再由历史式词语来界定。以往是社会在历史中，现在则是历史在社会中，社会有能力选择自身的组织、价值与转变过程，而无须借由自然或历史法则才能师出有名。[①]因此，在一个以市场的价格和需求等标准为最高标准，而人与人之间关系日益疏远的个体化时代，人们越来越为市场消费信息所左右。而日本生协组织能够将原子化的、被动的消费者组织起来，通过合作培育出某种自主性便越发难能可贵。

更为关键的是，日本生协积极推动民众生活方式和生活观念的变革，塑造一种新的生活秩序。只有那些真正关心自己的生活质量，关心自己的生活方式的人，才会积极参与生协的组织活动，关心生协的发展，并能够围绕着食品安全问题积极参与到社会和政治运动中来。反过来，日本生协的活动也

---

① 杜汉（图海纳）. 行动者的归来 [M] 舒诗伟, 许甘霖, 蔡宜刚译. 台北：麦田出版社, 2002: 161.

进一步提升了普通民众对日常生活的关爱感，改变自己的消费观念，激发其积极探索自身生活方式。日本生协所开展的共同购买牛奶运动、驱逐合成清洁剂的诉求运动、肥皂运动，尤其是政治代理人运动，都体现了日本民众积极改变生活观念，自主探索新生活方式的精神。

实际上，从社会主体性的角度上看，20世纪60年代以来日本生协所开展的生活者运动可被视为社会的自我保护运动。因为，正是出于对当时市场和国家的"共谋"的回应，草根社会开始组织起来，维护公众利益。尽管日本早在20世纪40年代末就颁布了生协法，许可民众成立各种生活协同组合，在法律框架内自己解决自己的生活问题。但是，民众也只是在真正感受到自己的利益受到损害时，感到自己面对市场的无力时，才真正组织起来开展各种社会运动，最终发展到政治参与。例如，以生活俱乐部、生协联为代表的生协组织开展了一系列消费和生活活动，抵制市场上的不规范行为，维护公众的利益。而且，日本的生协组织的社会运动从消费者运动扩展到生活者运动，又从社会运动扩大到政治运动，这里体现的正是民众主体意识的觉醒，以及社会自我保护功能的发展。

社会自我保护体现出社会面对外在风险时内部释放出来的自觉性与主体性。这种社会自我保护机制，在强大的富国强兵和市场主义意识形态的双重挤压下，能够破土而出，确实是值得重视和加以培育的重要力量。无独有偶，中国的社会并非缺乏活力，产生出类似于日本生协的农民合作社。同时，社区支持农业的组织也活跃于食品安全治理领域，推动生活观念改变，建立生活新秩序等领域。在类似的情况下，日本生协对于中国的重要启示不在于有与无的区别，而在于作用强与弱的区别。尽管中国也出现了食品安全的社会自我保护运动，但是一开始只是松散的"合作获利"性，还处于类似于日本生协开展消费者活动的第一阶段。正如付会洋、叶敬忠提出中国社区支持农业的"消费困境"一样，"处于成长初期的消费者组织容易陷入定位不清的泥潭，很容易从一个纯粹的共同购买组织异化成一个合作营利组织。这种'自救'探索在遇到问题时，不是根据自己的独特道路寻找解决办法，而是跳回普通商业模式的圈子内用产生问题的工具去解决问题。消费者对社区支持农业认识不足是消费者组织不成熟的主要原因，社区支持农业的发展需要生产者和消费者共同推动，其中，深化消费者认识是关键"。①行文至此，我们并不是说日本生协成员刚开始就十分"自觉"放弃工具理性需求，直接追求高大上的生活政治和生活新秩序。日本生协实际上刚开始也经历过

---

① 付会洋, 叶敬忠. 兴起与围困: 社区支持农业的本土化发展[J]. 中国农村经济, 2015(6).

这一阶段，从消费者运动到生活者运动，再扩大到生活政治运动，历时半个世纪之久。但是，毕竟中国有着后发外生性国家独有的优势，"发展错位"的劣势也能被转换成我们能以后来者的角色看到对方发展的全貌，进而取长补短，优化组合后形成自己独特的发展模式。社会力量参与食品安全治理也是同理。既然我们能够看到日本生协参与食品安全治理的全过程，其中在满足消费者健康生活需求之外，探索新的生活习惯和生活观念，进而积极培养普通国民主动参与食品安全相关的公共事务和公共政策制定等，这些社会力量参与食品安全治理的高级阶段，应是中国值得学习和借鉴的地方。尽管我们达到探索新生活秩序和新公共性的确需要时间和过程，但是可以作为一个行动目标和价值基础，以此来规范当代中国社会力量参与食品安全治理出现的工具性观念，拓展其生活性和公共性。

7.1.2　食品安全治理中社会与国家的合作性对中国的启示

日本生协所折射出的国家与社会的关系不仅只是对抗关系，更有合作关系。日本生协与政府之间的合作关系尽管并非直接性的，但却是实实在在的存在于食品安全治理过程之中。

首先，合作关系表现在日本生协一直将自己的活动限定在国家的法律框架之内。日本生协对于政治活动的参与以建设性为主，具有保守性。无论是直接请愿，还是政治代理人运动，日本生协的政治参与具有较少的激进性。并且，由于其关注民生问题，所以也更容易为政府所接受。生活者运动正是因为其建设性和温和性的特点，所以才能够在日本开展了四十多年。

其次，国家在制度上保障生协的自主性。日本政府早在1948年制定生协法，并在2007年进行大幅修订。该法是日本各类生协组织经营和活动的法律依据。国家依法给予生协组织以税收优惠，并规定了政府各部门以及地方政府都不得干预生协的正常经营。因此，国家实际上肯定了生协组织的自主性，并将这种自主性以法律和制度化的方式限定在自己可以掌控的范围之内。国家在法律范围内给予生协独立发展的空间，将许多事务交由生协组织来处理。

再次，政府与社会双方，都在积极寻求与对方进行沟通与合作。就政府方面来说，日本的《食品安全基本法》为了保障国民食品安全，非常重视给予民众在食品安全立法上和政策执行上表达意见的机会。如在涉及食品安全问题的立法时，政府有意识地给予民众和各种社会组织表达意见的机会。而生协组织也往往利用自己的食品安全检测和信息发布功能，向政府建言建策。实际上，日本生协组织能够发展壮大，不断地推动生活者运动，并得到政府的认可，乃至肯定，本身就代表了日本政府与民众双方，积极寻求沟通与了解的愿望和行动。因此，一个民众社会的发育并不是完全摒弃政府，相反，需要寻求政府的支持与合作，并积极与政府和民众对话，充当二者之间沟通的桥梁。

最后，社会也能在食品安全领域建构国家公共性，促进政府转变职能进行食品安全管制。21世纪之初，日本食品安全危机纷至沓来，食品安全成为日本国民极为关切的敏感问题。国民呼吁打破政府各部门条块分割，区分开安全风险评估职能与风险管理职能，设立独立的上层监督机构统一负责风险评估。2003年7月1日，日本食品安全委员会经过长期酝酿得以正式成立，隶属于内阁府。①具有实施食品安全风险评估，对风险管理部门进行政策指导和监督，以及风险信息沟通等职能，日本政府有关食品安全的职能分工格局由此发生重大变化，扩大了食品安全治理方面的国家公共性。

总之，国家与社会的非对抗性，可以说是东亚儒家文化传统国家的共同性，对于同样政治文化中的中国而言，日本生协体现出的国家与社会的合作性具有积极的借鉴意义。

其一，充分认识到社会的非对抗性和亲国家性。东亚国家特有的家国同构结构和观念，使得民间社会天然具有非对抗性。因为家即是国，国也是家。国家的合理性是家庭合理性的衍生，同时家庭也是依靠国家合理性的保护得以存在。因此，社会组织在中国的食品安全治理体系中天然就具有非对抗性，应被视为平等的治理主体，特别是对于当下兴起的社区支持农业的各类社会组织，关注层面不应仅停留在学术层面，应在立法层面给予社会企

---

① 当然，需要指出的是，日本之所以成立食品安全委员会，其直接契机应该是2001年日本本土发生的疯牛病事件给食品安全造成了极大的混乱。2001年9月10日，日本千叶县发现首例疯牛病，牛肉销量骤降，养牛户的利益受到沉重打击。随着第二例、第三例疯牛病的发现，日本消费者一时间"谈牛色变"。日本政府迅速采取措施，查明感染源，全面禁止制造、销售含有肉骨粉的饲料，确立了肉食牛的全头检查体制，并采取紧急措施稳定生产者和牛肉相关企业的经营。2001年11月6日，农林水产大臣和厚生劳动大臣成立了"BSE问题调查研究委员会"，作为其私人的咨询机构。2002年4月2日，BSE问题调查研究委员会提交报告指出，现行的食品安全行政存在着诸多缺陷：缺乏危机意识、欠缺危机管理体制，行政轻视消费者、而以生产者优先，行政机构决策过程不透明，农林水产省与厚生劳动省合作不足，行政不能适当地反映专家的意见，信息公开不彻底、消费者难以理解。因而，今后的食品安全行政要变换从前的想法，将保护消费者的健康放在最优先的位置，导入世界标准的风险分析的方法，进行风险评估、风险管理和风险沟通，以此为重点，对整个食品关联法制进行根本性的重估。该报告还建议设置一个以风险评估功能为中心、具有独立性、一贯性的新的食品安全行政机关。这一报告也基本为6月11日的食品安全行政相关阁僚会议所采纳，也成为《食品安全基本法》的基础（参见王贵松. 论日本的食品安全委员会，载于宋华琳，傅蔚冈主编. 规制研究（第2辑）[M]. 上海：格致出版社，上海人民出版社，2009: 95-109.）。

业，公益组织等多元食品安全治理主体的合法地位、税收优惠，以及自主性；在具体实施方式上，可以采用政府购买社会服务的形式，农民合作社，社区支持农业组织作为申请国家的食品安全治理项目的主体，被纳入项目制治理的体系之中，既能保证有正式渠道向社会力量分配资源，同时也依靠项目制的契约性来约束和监督社会力量的执行效果。

其二，健全国家与社会合作机制。国家与社会合作是日本食品安全治理的核心内容，中国可借鉴日本在立法和政策制定上组成由政府、企业、高校专家、农民、农民合作社、社区支持农业组织等主体共同参加的食品安全委会，以委员会为核心，通过食品安全听证会等方式，建立由相关主体广泛参与的风险信息沟通机制，并对风险信息沟通实行综合管理。

7.1.3　食品安全治理中社会与市场的共生关系对于中国的启示

我们习惯于从对抗角度来看市场与社会的关系。不过，事情远非我们通常想象的那样简单。我们在考察国家、市场与社会这一概念框架在西方社会思想中的演进时，就已经指出了社会曾经有一个阶段被等同为市场社会。实际上，市场社会中的社会与市场原本是共生关系。这不仅仅是一种理论构想，而是体现出现实中市场与社会之间的复杂演化关系。20世纪六七十年代，日本生协组织勃兴发展之时，也是日本市场经济蓬勃发展之时。因此，市场的一套运作机制会因市场的扩张日益渗透进民众的日常生活，以及在食品安全把关方面会产生市场失灵困境，最终迫使日本民众组织起来加入各类生协组织，发起抵制购买运动、变革消费观念和消费习惯，以对市场的侵蚀以及市场上的不法行为加以规范。简言之，社会通过自我组织与市场进行对抗实现自我保护。

然而，这只是事实的一个方面。我们在这里更要强调的是，社会与市场如同硬币的两面存在共生性，社会力量的发展本身能够规范市场，有利于市场的良性竞争。一旦低劣商品充斥市场，安全的食品便会退出市场。从长远来看，这会导致一般民众对市场交易行为本身的不信任，进而选择在市场之外，寻求安全食品。譬如，当日本民众发现市场上流通的都是营养成分不高而价格却不菲的劣质加工奶时，他们被迫退出市场，或绕过市场交易直接采用共同购买的方式，从生产商那里获取优质牛奶。这在短期内打击了市场交易，但从长远来看，共同购买方式却可以迫使那些不法厂商规范自己的交易行为。我们还指出，日本生协联所开发的"CO·OP"牌商品，对生产者和销售者产生了一种制约和监督作用，敦促食品生产行业的生产者和销售者，提高依法经营的自律意识，不断改进和提高经营服务水平，为社会提供符合市场需求的优质商品和优质服务。因此，从市场角度来看，日本生协组织的这些行为是有利于市场的良性竞争的。

此外，以生协联和生活俱乐部为代表的日本生协组织正是借着日本经济高速增长的影响力走出国门，广泛参与到各种跨国的国际组织的活动中开展交流与合作。例如，2000年，生活俱乐部参加了联合国的裁军会议和"环境与开发"会议。生活俱乐部生协于2004年参加由加拿大和美国组织的反对转基因小麦签名活动。该活动针对的是经济全球化下转基因食品蔓延全世界的问题。跨国界的交流与合作提升了日本生协联的影响力，使它不仅将其活动局限于日本国内，而且能够从国际社会动员力量，对市场的食品安全进行更为有效的制约。

此外，社会力量的彰显还是市场自我更新和完善的一个重要条件。只有"对他者的责任"和相互信任等美德被社会成员所广泛珍视，更富社会责任性的市场伦理和价值规范才有可能胎生于市场之中。提供食品的企业、企业家和经销商也才更有可能成为一个具有道义责任的经济主体。换言之，外部的制度建设和社会力量是维系市场伦理的重要因素。

总之，日本生协促进食品市场自我成熟的例子，对于中国参与食品安全治理的社会力量正确参与食品安全治理具有重要的借鉴意义。一方面，社会力量参与支配安全治理，绝不等于完全反抗和敌视食品市场。叶敬忠等人对中国的社区支持农业进行反思时提到其面临的"生产困境"，意指许多社区支持农业的组织，对现代食品大企业推广的标准化农业施肥的做法进行反抗，坚持自己不使用经过技术改良、使用化肥的种子，但是自身却没有技术能力和资源，解决老品种种子耗时耗力产量低的困境。[1]农民合作社参与食品安全治理也有类似的困境。农民合作社始终不是契约性制度性较强的农业企业，内部缺乏企业的科学管理机制，依靠的是亲缘或业缘基础上的信任，但这种信任具有非正式性和临时性的特点，在系统性的食品安全治理过程中，往往出现农民缺乏约束搭便车或者自行退社的情况。因此，日本的经验告诉我们，无论是农民合作社，还是社区支持农业的组织，与食品企业保持的是良性的互动和合作关系，而非排斥和敌对的关系。除了部分奶制品行业企业与农民合作社有合作关系之外，国内的社会力量较少与食品企业进行合作，大规模现代化的食品企业也较少意识到个性农产品订购的市场潜能，以及城市中产阶层的强大购买能力，较少投入资源到人性化个性化的食品健康产业链条中来。为此，中国的社会力量与食品企业和市场链条的嵌入性，也

---

[1] 付会洋，叶敬忠. 兴起与围困：社区支持农业的本土化发展[J]. 中国农村经济，2015(6).

会是建构新时期中国特色食品安全治理体系的重要内容。

7.1.4　食品安全治理的协同性和平衡性对于中国的启示

日本生协的发展过程同样也是日本社会通过与国家和市场的密切协同互动、界定自身领域、赢得自主发展空间的过程。就与政府的关系而言，日本生协既推动政府出台规范市场的诸多举措，又充当了政府与民众个体之间进行理性沟通的桥梁。这不仅减轻了理应由政府承担的许多社会责任和公共服务，也避免了政府与民众之间可能发生的对抗关系。因此，日本生协充当了政府与民众互动的纽带，向上表达民众的利益诉求，向下传达政府的政策意图。就日本生协与市场的关系来说，既存在着对抗关系，也有合作的机会空间。生协围绕食品安全问题所开展的一系列抵制活动，一方面打击了市场上的不法厂商，减少了食品生产厂商和经销商利用信息不对称、搭便车机制所制造的不良市场后果，降低了失去约束的市场对社会的负面影响和危害程度；另一方面，也促进了食品市场的良性竞争，在某种程度上为食品市场铸造了一个更好的制度环境，激励了整个食品行业的自律行为。因此，在日本社会广泛存在的生协组织是食品安全治理获得成功的重要原因。中国的食品安全治理应借鉴此类协同性机制，乡村的农民合作社，以及城市的消费者网络，社区支持农业的民间组织，都通过立法和公共政策作为食品安全治理的新兴主体被给予合法性地位，并发挥积极作用；同时，新兴主体在政府行政主导下，通过政府购买食品安全治理项目，参与食品安全政策听证会，食品安全行政处罚案件听证会等方式，将中央政府、地方政府，食品安全治理的城乡组织等主体都纳入协同体系中来，进行监督和互动。

7.2　城乡关系上的中日差异与中国食品安全治理的特殊性

从某种意义上说，自从人类进入工业文明之后，城市与乡村的二元张力，一直是推动人类社会发展与进步的重要动力。几个世纪以来，人类社会在现代化进程中一直是在解决城市化过密与农村过疏的矛盾中循环发展。特别是后发外生型发展中国家，大部分的现代化道路都经历了"先以工养农，后重农兴农"的弥补式发展逻辑。因此，从城乡框架来看待日本食品安全治理对于中国的启示的话，则要看到其现代化阶段与中国食品安全存在的"非对称性"。换言之，当今的日本已经是城乡一体化的发展阶段，中国仍处于实现城乡一体化的过程之中。日本努力实现城乡一体化的阶段始于20世纪60年代。彼时正值日本经济高速增长之际，但随之带来的是史无前例的农村人口大量涌入大城市，乡村处于崩溃边缘，城乡差距日益拉大的"过疏化"困境。日本从政界开始为此开展了"过疏地域振兴法制定促进运动"。1968年，岛根县知事和县议会议长与其他20个县知事联合成立"过疏地域对策促进协议会"和"全国都道府县议长会过疏对策协议会"，进而又成立了28个县198位众参两院议员参加的"过疏地域对策自民党国会议员联盟"，拉开了政府实现城乡一体化的序幕。随后日本相继于1970年颁布了《过疏地区地域对策紧急措置法》，1980年的《过疏地域活性化特别措置法》，1990年的《过疏地域活性化特别措置法》，在农村产业，公共基础设施，地域文化社会振兴等方面，全面积极促使日本城乡地区的均衡发展。①日本的过疏对策在指导思想和具体措施上，尽管一直存在一些问题，也被一些本土学者所诟病，但正是从法律层面的制度设计上为城乡一体化奠定了合理化框架，随后的半个世纪的城乡协调发展也正是基于这一框架进行。为此，日本的食品安全治理体系也应被置于城乡一体化的框架内去分析。正是在城乡一体化的大背景下，经济社会等因素在城乡空间较少差距的中产阶层生产者与消费者，才成为日本生协的主体。中产阶层在克服了物质匮乏阶段之后作为生协的主体，逐渐从最初的联合购买健康食品满足生存需求，发展到培育新型生活观念实现自我实现需求的阶段，最后甚至又参与政治公共制度体系，促进社会公共性发展。

因此，日本的城乡一体化的大环境不同于当今中国，两者存在发展阶段的"时间差"。研究者因此不能完全照搬日本的模式，也不能因为日本当今模式的完美性，而盲目批判中国的不足。而是要保持社会学特有的"价值中立"立场，客观看待日本模式，扬长避短，为我所用，以探索适合中国国情的食品安全治理模式。众所周知，中国经历了几千年的农业文明，在政治制度、治理结构、社会结构、生活观念等方面，都植根于农业文明之上。进入近代亦如此，城乡关系始终形塑着中国的工业化道路和社会治理体系。特别是在当今中国已成为世界第二大经济体的经济高速发展阶段，"乡村振兴"战略的提出体现出中国仍然将农业发展和农村可持续发展作为城乡一体化的核心内容。正如著名农村发展专家叶敬忠强调坚持农村优先发展实现城乡融合一样，其中他特别强调乡村振兴不是去小农化。"应予以明确的是，振兴乡村的关键在于振兴小农，而非振兴资本，乡村振兴战略所力求实现的小农户与现代农业发展的有机衔接是在坚持小农户和小农农业生产方式与现代农业平行主体地位基础上的有机衔接。因此，切不可通过行政手段或是鼓励下

---

① 田毅鹏. 20世纪下半叶日本的"过疏对策"与地域协调发展[J]. 当代亚太, 2006(10).

乡资本加速小农生产方式的消亡，在推进农业现代化的同时，应给小农农业方式留以足够的生存空间。"①同理，较之于城乡一体化的日本，中国食品安全治理的特殊性在于，政府基于中国的农业传统，在乡村振兴的新形势下，"以农村包围城市"的方式，关注食品安全治理体系在农村的脆弱性，然后挖掘农村自身在食品安全治理中的优势，在政策和法律层面构建完善的农村食品安全体系，最后拓展到城市，建立和完善城乡食品安全体系。

首先，应重视农村食品安全治理的脆弱性。从城乡框架来看，农村是食品安全的源头，食品的原料大部分来自农村，同时占大部分比例的小农成为提供农产品的主体。因此，一方面从源头监管来看，农村食品安全治理存在分散性，非体系化，脆弱性等特点；另一方面，"重城轻农"的城乡分治的食品安全治理体系，加速农村食品安全治理体系的脆弱性。"自2009年《食品安全法》正式颁布实施，中央层面的'多部门分段'监管体制已经基本稳定下来，但是地方政府的监管体制仍然存在一定的差异。作为一项溢出性和流动性非常强的公共服务，食品安全监管更适合采用相对集权的监管架构，有利于保障监管部门的独立性。城乡食品安全监管体制差异的另一个重要的方面就是财政经费的来源。此外，由于食品安全监管是一项专业性、法律性较强的工作，对监管人力资源的学历和质量也有较高的要求。由于农村地区的经济生活条件相对较差，很难吸引学历高、能力强的人才到农村监管部门工作，这就导致农村地区的监管部门人才严重匮乏"。②可见，在组织结构，资金资源，人才资源等制度设计方面，农村食品安全治理处于众多弱势之处。故而，农村优先性，成为当今中国食品安全治理的独特之处和首要目标。

其次，小农与农民组织化的辩证关系。众所周知，小农至今仍然是中国农民的主要成分。特别是改革开放后，农村实行包产到户的家庭联产承保责任制以来，解决了农村吃大锅饭的困境，释放了小农的活力和主体性。但是随着市场经济的深入发展，特别是现代化食品工业朝着标准化高效化资本化方向趋势迅猛发展的大背景下，小农在生产能力、生产规模、生产资本等方面都处于弱势地位，逐渐被排斥到市场体系之外，面对自然和市场风险时，

① 北京日报. 叶敬忠：乡村振兴不是乡村过度产业化——兼谈因地制宜施策中应坚持的几个原则 [EB/OL].（2018-07-16）[2018-07-16]. http://www. rmlt. com. cn/2018/0716/523179. shtml? from=timeline&isappinstalled=0

② 中国食品安全报. 食品安全监管有待城乡分治改革 [EB/OL].（2012-11-29）[2012-11-29]. http:// www. mzyfz. com/cms/benwangzhuanti/shipinanquanzhuanti/zhuanjiashixian/html/1617/2012-11-29/ content-590113. html

抵御能力较弱。因此，近十年来，国内出现了将农民组织起来，建立农民专业合作社等模式来控制食品安全。但是又相继出现了农民合作社利益集团化，甚至是理事长把控资源，部分社员退社的内部信任和分化危机。因此，两难出现，即食品安全治理需要将小农组织起来，但组织起来也会损害小农利益；如果不能让产业化吸纳小农，小农则会被排斥在主流制度体系之外，自生自灭。为此，小农与农民组织化的辩证关系，也是中国食品安全治理的特殊之处，怎样既能维护小农作为个体的权益，又能实现农民组织化达到"分合自如"的治理效果，成为当今中国食品安全治理的重要内容。

再次，多元化城乡食品安全治理主体的优势性与协同性。前文提及农业农村优先应是当今中国食品安全治理的首要任务和重要内容。但并不等于无视城乡之间的交流与合作。这就涉及从"问题视角"向"优势视角"转换的问题。我们不仅要看到农村食品安全治理的脆弱性，也要挖掘农村现有的优势，将之激活运用到农村食品安全治理之中。例如，近10年来，业已形成规模和影响力的"社区支持农业"食品安全治理模式，可被视为当今中国在探索城乡合作时形成的一个优势。该模式是由高校专家学者、城市精英、民间组织（公益组织，社会企业）、地方政府、小农、农民合作社等多元主体进行协调行动，共同合作实现共治的食品安全治理结构。并且该模式在近几年出现了从食品安全扩展到倡导环保低碳生活，参与公共生活的新生活观念的趋势。尽管也出现主体间连接机制等问题，但我们不容忽视这种在城乡合作框架下出现的新探索和新趋势，发挥多元新兴主体的能动性和协同性，将会是中国特色食品安全治理的重要内容。

7.3 国家与社会关系中的中日差异与中国食品安全治理的特殊性

众所周知，食品安全治理问题在深层次上实际上是在处理国家与社会关系的问题，更进一步说，是国家如何与社会形成均衡关系的问题。纵观东亚各国的历史，特别是中日等国近代富国强兵的现代化过程中都有着强国家弱社会的特点。但是如果从大历史和长时段来细究两国在国家与社会关系的话，两者不尽相同。现代化进行中的强国家和弱社会，也是因为有一些"偶然"因素与"必然"因素相互复杂互动的结果。

日本近代以来大体是一种弱中央政府强地方政府的"分权传统"，来源于日本江户时代形成的"幕藩制"。"江户时代形成的幕藩体制既不同于中世纪西欧的封建制，也不同于中国明清时代的大一统，而是一种'幕府集权和诸藩分权'与'将军至强和天皇至尊'的二元政治结构。德川氏与大名特别是外样大名间的关系，原则上采用的是传统的封建恩给关系（依据大名的誓词和个人的忠诚给予他们领地，并加盖朱印），大名则原则上在自己的领地上具有独立立法、自我武装、自行征税的权利，只有在幕府面临战事时，才具有承担军役——需自己掏腰包的义务。幕府虽然以大政委任名义保持着对中央政权的绝对垄断，但诸侯大名对藩内事务则享有绝对垄断权力"。^①因此，这一分权制度导致中央政府在实质上的公共资源分配以及公共服务等方面相对弱于地方政府，尽管在明治维新和二战后国家重建的特殊时期，地方政府与中央政府在富国强兵和民族复兴的统一目标下，达成共识进行合作，但是在20世纪80年代日本泡沫经济崩溃和新自由主义浪潮席卷下，日本的中央政府在公共服务提供和国家能力建设等方面，重新弱于地方政府。日本的民间社会或处于被迫，也或处于自我保护的动机，进行自我结社发起社会自我保护运动，以此来获得生存资源，进而拓展到追求生活政治的范围。

对于中国而言，中国则有着几千年的中央集团大一统的政治和文化传统，国家与社会是一种非二元对立的，"你中有我，我中有你的"关系。首先，中国历史上的中央集团之于社会，并非完全是压制和控制的关系，而是一种基于家国同构结构的"父爱主义"理念。即国家与包括个人在内的民间社会之间是父与子的家庭关系。一方面是国家有提供公共资源以及公平保障个人生存的道德义务；另一方面，国家与社会之间并非敌人的对抗关系，而是通过一些渠道可以进行沟通的"父子关系"。黄宗智将中国历史上存在的"集权简约治理"模式，视为国家与社会进行沟通的重要机制。"中国地方行政实践广泛地使用了半正式的行政方法，依赖由社区自身提名的准官员来进行县级以下的治理。与正式部门的官僚不同，这些准官员任职不带薪酬，在工作中也极少产生正式文书。一旦被县令批准任命，他们在很大程度上自行其是；县衙门只在发生控诉或纠纷的时候才会介入。这种行政实践诞生于一个高度集权却又试图尽可能保持简约的中央政府，在伴随人口增长而扩张统治的需要下，所作出的适应。这个来自中华帝国的简约治理遗产，有一定部分持续存在于民国时期、毛泽东时期和现今的改革时代"。^②近期，黄宗智又拓展了其中国特殊政治治理逻辑的研究，认为传统和现代中国介于国家和社会之间的"第三领域"，与传统的"集权的简约治理"存在紧密联系，从而证明中国的国家与社会并非西方自由主义式的"分割性整体"，而是

---

① 刘轩. 明治维新时期日本近代国家转型的契约性 [J]. 世界历史, 2018 (6).

② 黄宗智. 集权的简约治理——中国以准官员和纠纷解决为主的半正式基层行政 [J]. 开放时代, 2008 (2).

以某种"不完整"的形式体现出西方思维上的"国家"和"社会",或者用黄宗智的表述就是"国家与社会之间是二元合一的互动、互补和互塑关系"①。质言之,中国的国家与社会是一个复杂的互动关系。当前其中有一个潜在的前提就是保证国家是作为国家民族发展和公共性的主导者,保证其合法性和权威性的基础上,与社会保持互动互补和互塑的关系。

我们在中国国家与社会二元合一的框架下来看中国食品安全治理的话,其特殊性在于建构一种"政府主导社会共治"的食品安全治理体系。一方面,中国食品安全治理中国家主导的合理性与特殊性。在中国,国家不仅仅是一个行政管理体系,对于民众而言,不仅有着公共权威,也具有一个如同想象的共同体一样的文化象征意义。个体与国家是统一在实现个人幸福,国家富强,民族复兴的,实然和应然一体化的意义共同体之中。在当今充满各类风险的全球化时代,国家的统合性和凝聚力,是不可替代的抵御风险的重要主体。全能主义的政府监管型食品管理治理,仍然是中国特色食品安全治理的重要基础和重要组成部分。另一方面,依据"集权的简约治理"传统来看,除了中央政府层面上发挥公共性的重要性之外,在城乡基层建立一个与中央政府和地方政府进行联动的食品安全治理体系,也尤为重要。特别是农村基层的食品安全治理较为脆弱,故而加强农村基层食品安全治理的人力和人才投入特别重要。

---

① 黄宗智. 重新思考"第三领域":中国古今国家与社会的二元合一 [J]. 开放时代, 2019(3).

第8章 食品安全治理对策论：基于"技术完全论"的反思

论及食品安全治理的不力，人们自然而然地将其归因于制度设计不合理或者政策执行力不够，或者检测和风险评估技术等不够先进。学者和社会有识之士提出的各种政策建议尽管各有侧重，但综合起来不外乎是要求从市场、政府与社会几个方面来加强食品安全的监管。

8.1 法律体系不完善说及其对策

学者们在对令人难以满意的食品安全问题进行归因时，法律体系首当其冲。他们指责我国的法律体系存在着内容不全面、可操作性差以及处罚力度太轻、不能适应当今食品安全形势发展需要等问题。[①]

现行的《食品企业通用卫生规范》《办理食品卫生检验单位证书的手续》《申领食品新资源卫生批准证书的手续》等法律法规大多是颁布于20世纪的80年代末期，立法部门立法滞后，未能根据经济和社会的发展形势而及时调整标准和法规。新近颁布的《食品安全法》亦未能减缓或平息上述这些指责。学者们批评该法覆盖范围过窄，仍未能覆盖食品生产的全过程以及所有食品。

因此，学者们从这一角度出发，认为完善我国的食品安全监管体系必须依靠政府的立法和制度完善积极开展对外交流与合作，加强国外食品安全法律标准的研究，消化和借鉴发达国家经验，建立我国食品安全法律、行政法规、地方法规、行政规章、规范性文件等多层式法律体系，探索和发展既和国际接轨，又符合国情的理论、方法和体系。

8.2 政府监管不力论及其对策

学者们就此达成了共识，即食品安全问题上存在着市场的失灵，需要政

① 杨辉. 我国食品安全法律体系的现状与完善 [J]. 农场经济管理, 2006 (1): 35.

府的介入。而食品安全问题治理监管不力，人们自然而然地想到要将责任归咎于政府。①这也是当前学者论及食品安全治理不力时，主要致力于建言建策的方面。

对我国政府监管不力的指责主要集中于以下几个方面：其一是分段监管模式所带来的各监管部门之间的职能上的相互重叠和权责不轻，这导致行政支出过大，执法成本过高，以及各个部门之间各自为政，相互推诿、多管、不管或少管等问题。②

实际上，我们能够看到，新设立的食品安全委员会有借鉴日本的食品安全委员会制度之处，力求综合指导、协调和监督各个部门，实现纵向直属的一元化领导。不过，我国食品安全监管体系目前的机构林立、分段监管的总的制度框架并未受到根本触动，也难以期望政府分段监管所存在的诸多弊病会在短期内得到改变。为此，学者们要求针对食品安全治理中所存在着的各个部门相互推卸责任的问题，政府应该借鉴发达国家的成功经验，比如建立"跨部委的全国统一的中国食品安全委员会来统一组织、协调和管理与食品安全有关的全部工作"，直接对国务院总理负责，以期协调各个部门对食品提供的各个环节的监管。③

其次则是食品安全监管的执行力度不够。客观上说，是因为我国政府因为食品涉及环节过多、涉及面过广，人口众多而健康常识不足所带来的难度。从政府方面来说，除了我们上面所说的制度设置问题之外，检测技术落后、对不法个人和厂商惩罚力度不够等也是导致监管力度不够的原因。④

最后，亦有学者论及我国政府监督体系不完善，如监督体系不完善，食品安全标准、法规涉及的内容不全面。我国的食品安全监督管理体系在食品流通有的环节上还存在着空白。例如，食品污染源头的控制就不够。⑤

综上所述，学者们普遍认为当前食品安全监管不力的问题上，我国政府应负有主要责任。⑥实事求是地说，我国政府近些年来，在食品安全监管和食品安全的重大事件的处理上，已经做出了非常大的努力，也取得了一定的成效。不过，较之于食品安全监管问题的严峻性来说，这些成效便不再突

---

① 衡志诚. 食品安全: 龙多缘何难治水 [J]. 经济纵横, 2003 (7).

② 韩忠伟, 李玉基. 从分段监管转向行政权衡平监管——我国食品安全监管模式的构建 [J]. 求索, 2010 (6).

③ 李怀. 发达国家食品安全监管体制及其对我国的启示 [J]. 东北财经大学学报, 2005 (1).

④ 谢敏, 于永达. 对中国食品安全问题的分析 [J]. 上海经济研究, 2002 (1).

⑤ 胡秀萍. 政府改革与完善食品安全监管体系的探讨 [D]. 上海交通大学硕士论文, 2006.

⑥ 谢敏, 于永达. 对中国食品安全问题的分析 [J]. 上海经济研究, 2002 (1).

出，于是公众不满意是正常的。

8.3 市场失效论及其对策

一般认为，一个有序竞争的市场能够自动淘汰掉那些不注重食品安全的企业或销售者。物美价廉、安全可靠的食品赢得了消费者的口碑，在消费者心目中留下了良好的印象，相反，假冒伪劣产品则被消费者所淘汰，无法在市场当中立足。这样，市场竞争本身就能够自动、自发地实现优胜劣汰，杜绝食品安全问题的发生。

不过，自动售卖机一样的完美市场永远都只不过是理论上的空想和"乌托邦"。在现实的市场环境当中，由于买卖双方的信息不对称使得消费者在购买时，难以区别食品的优劣、真伪情况。消费者凭借着假冒伪劣产品在其心目中留下的恶劣印象，会对市场上的一切产品产生怀疑，包括正规厂商生产和销售的优质产品。此外，食品安全问题具有公共物品性。而对于公共物品，相比提供产品的服务所花费的成本，所获得的收益却很小，致使个人或企业不会主动提供它，具体到这里，就是说，当关注食品安全的成本大于收益时，企业便不会主动去保障食品安全。这在一个恶劣竞争的市场当中尤为凸显。①正是基于这些市场失灵因素的存在，仅仅依靠市场不仅无法解决食品安全问题，反而会加剧食品安全问题，这时，就需要市场之外的力量来参与治理。

我们发现，在既有的关于食品安全问题的政策建议中，几乎所有的学者都主张仅仅依靠市场力量是无法实现食品安全的自律的。因此，探讨对市场的监管往往是要求政府加大惩罚力度，或要求媒体或公众提高安全意识，积极监督等。

"市场失效论"实际上强调的是国家积极干预的必要性和合法性，正因为市场无法自律，存在极大的盲目性，因此国家有必要通过立法手段来建立系统完善的监督和惩罚机制，以强化对市场的监管。从经济学的角度来看，这里潜藏的逻辑实际上是，只有使违规厂商对惩罚的预期机会成本加上其他成本超过了其预期收益，才能有效遏制不法厂商的恶性行为。

---

① 谢敏，于永达. 对中国食品安全问题的分析[J]. 上海经济研究，2002（1）.

8.4　检测评估标准或技术落后论及其对策

食品安全标准体系存在内容不完善、技术落后、实用性不强、缺少科学依据等问题，而食品检验检测机构的重复投入也同时影响了食品质量安全水平的提高。[①]

首先，既有研究最常诟病的问题是我国的食品安全标准覆盖得仍然不够全面。虽然我国一直在加紧相关食品安全标准的制定，但是，仍然有大量食品缺乏相关的生产和加工标准，也缺乏相应的安全检测和评估方法。据相关调查，我国某些领域的食品有近一半还没有国家标准，也缺乏相关的检验检测方法。[②]

其次，既有研究最常诟病的问题是我国的食品安全标准制定工作的滞后，标准没有根据社会发展的变化进行及时调整。中国很多地方还是沿用十几年前甚至更早时候的检测手段。[③]

再次，我国的食品安全标准体系未能与国际规范接轨。许多国际广泛采用的食品安全检测标准我国不仅没有借鉴吸收，制定自行标准，而且也未曾采用这些标准。例如，国际上较为广泛接受的"食品企业GMP规范"（Good Manufacturing Procedure，良好操作规范）和"HACCP 控制体系"（Hazard Analysis Critical Control Point，危害分析和关键控制点）我国都没有广泛采用。[④]

最后，我国食品安全领域检测技术落后，这既体现在我国食品生产企业的食品安全检测技术落后，也表现在政府食品检测手段上的落后。我国目前还没有一套健全的危险性评估体系，同时技术装备不足，严重影响我国的食品安全性。

在这种情况下，学者们的政策建议便集中于强调我国应该广泛借鉴或推广国际社会所采用的食品安全标准，与国际接轨，如在食品生产加工环节引入推广"HACCP"体系；在食品经营消费环节引入推广"ISO9000"认证体系等。或者建议提高检验检测技术，增加检验检测设备的投入、专业技术人员的培训和科研方面的投入，不断提高中国的食品安全检测技术水平。

此外，学者还从微观层面，即从消费者角度来对我国的食品安全问题加

---

① 胡秀萍.政府改革与完善食品安全监管体系的探讨[D].上海交通大学硕士论文,2006.

② 谢敏,于永达.对中国食品安全问题的分析[J].上海经济研究,2002(1).

③ 李怀,赵万里.发达国家食品安全监管的特征及其经验借鉴[J].河北经贸大学学报,2008（6）

④ 谢敏,于永达.对中国食品安全问题的分析[J].上海经济研究,2002(1).

以归因。此类研究多关注消费者的食品安全意识、饮食习惯、饮食结构等方面。例如有学者就认为人们日常生活当中的饮食安排、饮食结构不合理，过于注重口味，而忽略食品安全。我国人民的食品安全知识、态度、行为状况普遍很差是导致食品安全问题产生的原因。[①]

不可否认，上述各种论述都从某一角度，对我国食品安全治理的不理想这一现实情况加以归因，并从各自的角度出发提出了一定的政策建议。我们并不否认，这些研究也都切实地发现了我国食品安全治理当中所存在的一些问题。不过，在我们看来，这些论述中有一种潜在的共识，使它们无法进一步深入进去看到问题的实质，无法看到我国食品安全治理的症结之所在。因此，在我们具体展开中日食品安全治理的比较之前，有必要揭示出当前各种研究的一个基本共识，即"技术万全论"。正是这种思维本身的局限，决定了它们无法从根本上提出可供参考的有效的食品安全治理经验。

8.5　食品安全治理的"技术万全论"及其问题

在我们看来，上述对中国食品安全治理问题的归因以及政策建议，虽然立场不同，视角各异，但是在本质上都是一种"技术万全论"。所谓"技术万全论"，就是将社会中的各种法律、政治制度、科学技术、市场秩序等复杂因素等简化为一种各自独立发展的纯粹技术，进而认为所有的社会问题仅仅依靠技术手段的完备或完美就能够加以解决。这种思维方式假定了一个良好治理的社会就是一个技术上完备的社会，就好像一个"自动售货机"，投进去硬币，就能自动售出商品。我们在此所指涉的"技术"一词实际上是相当广泛的，不限于我们通常所说的狭义的技术概念。我们下文对各种论点的批判过程中，便在广义上使用技术一词。因此，上述关于食品安全治理的政策研究和政策建议，实际上都可划归为是"技术万全论"的各种变种。

例如，强调依靠或主要依靠法律法规的完善就能够解决我国的食品安全治理问题，这种论点实际上是将法律视为一种可供任何人使用，对任何人加以治理的纯粹的技术。一个理想的食品安全治理状况，应该是由一张完备的、没有疏漏的法律法规之网所覆盖的社会。任何食品安全问题的出现都逃不出这张网，而依靠这些健全的法律就能够震慑、杜绝或完善的处理可能或已经出现的食品问题。因此，当前食品安全问题的实质，在这种观点看来，是法律技术尚且不够完备。

---

① 郑丰杰. 我国食品安全现状及其对策［J］. 黄冈师范学院学报, 2006（12）.

强调政府监管制度或监管机构设置得完善的论调，在根本上与上述强调法律健全的观点无出其右，同样是认为，依靠机构设置上的完善就能够实现食品安全治理问题。因此，当前政府强势主导的食品安全治理模式，在这种论点看来，不仅不是问题，而且还是应该继续推进的，继续加以完善的。这种观点与当前政府改革，退出某些社会领域，致力于经济发展等事业显然是背道而驰的。一个良好运行的政府并不是无所不管，大事小事都去管理的政府，而是集中资源和精力于某些事业上的政府。对于某些领域，如我们这里考察的食品安全领域，政府监管当然是必要的，但是，要求政府在每一件事情上都包办，是不现实的。

而那种认为借鉴或拿来国外的食品检测技术、检测手段或风险评估机制就能够改善我国的食品治理的立场和观点，更是"技术万全论"的表现。在这种论点看来，西方国家食品安全治理经验的成功在很大程度上依靠于某些先进的检测技术，指标体系，完善的风险评估手段等等。而我国的食品安全治理的不理想则是因为在这些方面都处于落后的状态。

总之在上述观点看来，要建立健全我国食品安全的治理，其关键就在于技术的进步，如法律的完备和顺应社会形势，政治机构设置的改革或执法上的规范化、标准化，再或者食品检验检测技术的推广和发展，等等。譬如，国内就有论著专门介绍食品中残留物质、有害金属、添加剂、天然毒素、持久有机污染物、加工中的污染物、有害微生物以及食品接触材料中有害物质的检测技术和方法。[①]殊途同归的是，这些论点到了最后又会不约而同地想到了政府，因为无论是立法、政府机构的改革、执法能力的提高，还是先进检测评估技术或标准的引入，这些都最终要依靠政府出面来支持。简单地说，食品安全治理问题最终还是落脚于一个由政府出面来提高各种技术的问题。因此，技术万全论与主张政府主导论存在着密切的关联。

我们稍加反思便会发现，上述观点已经构成了我们的习惯思维。近两百年来，"技术万全论"在中国的现代化进程中一直是主导的声音。从"师夷长技以制夷"到20世纪80年代末的"全盘西化论"，总是存在着一种简化思维，即学者们将中国人的落后仅仅归因于技术落后，进而主张单单靠移植西方的技术就能解决我们自己的社会问题。即使是在今天，从上面所做的各种对我国食品安全治理的研究综述中，我们仍然能够看到这种思维方式的根深蒂固。从总体上看，"技术万全论"存在的问题在于以下几个方面。

"技术万全论"将西方社会中的法律、政治制度、科学技术、市场秩

---

① 王世平.食品安全检测技术［M］.北京:中国农业大学出版社,2009.

序等等化约为纯粹的技术，而没有看到，首先，西方社会中的各种"技术"的发展，并不是一种各自局限于单个领域之内的自主发展或进步，而是多重因素相互作用所造成的历史效果。甚至各种技术本身之间就存在着抗衡与冲突，而恰恰是这种抗衡和冲突构成了技术进步的推动力。就我们本书所关注的社会、国家与市场这三者来说，无论是完美治理的社会、严格执法的政府，还是自发竞争调节的市场都是一个幻觉，不仅在西方国家难以找到，在将来也不可能实现。问题的关键不在于是否能够凭借技术的进步实现良好的治理，而是在于看到这些技术之间的关系。或许，这种关系才是构成西方社会良好治理秩序的内在动力。

其次，"技术万全论"将一切问题还原为技术问题，通常到最后演变为诉诸政府来移植或借鉴发达国家的科学技术知识来解决问题。因为不少学者试图通过研究来影响政府，同时政府又通过资助课题研究的方式来"购买"所谓的科学知识，所以学术界实际上也在有意无意地推动这种"技术万全论"在食品安全治理领域的兴盛。比如，有学者提出食品安全治理的某种一般构架，这种治理构架由框架化（framing）、评估（assessment）、诊断（evaluation）和管理（management）四个主要部分组成（基于治理阶段的划分），参与和沟通则贯穿各个阶段。① 我们可以将"技术万全论"治理食品安全的一般思路表述如图8-1所示：

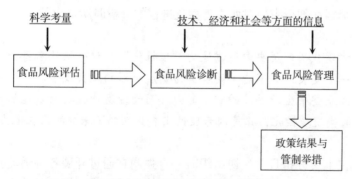

图8-1　"技术万全论"的治理理路

不难发现，在这种思维下，政府的决策及其实施又被简化为单纯的技术执行。这一点，我们在上述对"技术万全论"的概括和分析中已经指出了。下面这种观点就是我们在查阅既有研究时，不断遇到的一种非常典型的观点：

---

① Dreyer, M. and O. Renn（eds.）.［M］. Heidelberg: Springer, 2009: 29-46.

要建立多层级的食品安全检验检测体系，建立专业系统的食品检测机构并逐步使之社会化，需要政府给予一定的扶持。要积极引进和研制先进的检测设备，加大食品安全研究和科技成果转化的投入力度，并尽快将研究成果转化成具体应用。要整合科研力量，建立高效协调的科技管理与组织机制。①

在这种观点看来，食品安全的治理依靠的是技术手段，也就是这里所说的检验检测技术的进步，而这又必须依靠政府的扶持。最后，政府的扶持在这里又被简化为是"科技管理与组织机制"。比如有学者认为，我国食品安全监管体制的一个主要不足表现在，目前在我国食品安全分段监管的体制下，部门间协调问题是关系到监管效率与监管效果的核心影响因素，由此判定政府在公共管理中的部门间协调行为是否恰当和有效便是影响食品安全治理的关键所在。②

更为严重的问题是，"技术万全论"忽视了技术及其运作所植根的社会结构以及构成这一社会结构的人的状况。"技术万全论"不仅没有看到，各种"技术"的发展不仅仅不是彼此孤立的、自足的发展，而是多种因素交互作用的一种历史效果，它更没有看到，在这种种因素的交互作用中，各种"技术"所嵌入的社会结构、生活秩序与这些技术之间的张力，恰恰构成了这些制度运作与发展的推动力。

正如李猛在剖析韦伯对西方理性化进程的分析时所指出的：

将西方现代性的历史命运描述为"理性化"，这一做法本身就意味着，西方的这一"发展"并不能单纯理解为制度机器的改良或者物质技术因素的推进，而涉及整个生活秩序的重新定向。而西方现代性之所以能够在整个生活秩序方面实现理性化，正是因为理性化本身包含了深刻的内在张力。③

我们在上文分析日本生协组织时一直强调它通过开展各种活动扎根于民众的社会生活，并积极引导民众改变旧有的生活方式，探索新的生活观念和生活方式。这激发了日本民众参与生协组织，参与各种活动，关心自己的食品安全问题，主动去促进市场和政府对食品安全加以关注。

因此在我们看来，研究乃至借鉴西方社会的食品安全治理问题，乃至

---

① 李怀，赵万里. 发达国家食品安全监管的特征及其经验借鉴[J]. 河北经贸大学学报，2008（6）.

② 詹承豫. 食品安全监管中的博弈与协调[M]. 北京：中国社会出版社，2009.

③ 李猛. 理性化及其传统：对韦伯的中国观察[J]. 社会学研究，2010（5）.

一般的治理问题，我们所着眼的不应该仅是"技术"，而是要"往里看"，看到制度所嵌入于其中的社会结构，以及这一社会中所生活的人的状况，看到各种制度之间的内在关联。西方发达国家食品安全治理相对完善的关键不在于食品安全的立法上如何紧跟时代的发展、法律如何完备，也不在于食品监管的政治制度设计的如何合理，市场秩序如何"自发调节"，更不在于食品检测评估技术如何先进，而是在于这些技术所植根的社会结构与这些"技术"之间所形成的良性制衡关系。

本书一直在强调食品安全治理的关键在于在国家、市场和社会之间创生出一种良性制衡关系。之所以强调良性制衡关系，并不是说政府完全退出，也不是政府的强势监管，而是指国家、市场与社会这三者各自摆正自己的位置，相互之间谋求良好的沟通与制约关系。尤其是，社会力量以及构成这一社会力量的人的生活风格本身构成了这种制衡关系的关键。当然，我们在这里并非要否定"技术"进步对食品安全治理的意义，而是强调我们必须要看到，这些"技术"所植根的社会机构，运用这些"技术"的人的生活秩序等等才是技术运作的关键，才是食品安全治理的症结所在。也就是说，食品安全治理的那些"技术"的运作，并不是自发的、完备无缺的，而是依靠各种力量之间的制衡，乃至一定程度的紧张和冲突，来推动政府、国家和社会对关乎人们日常生活和生命健康的重大问题以必要的关注和应有的重视。

第9章　迈向社会协同共治：21世纪治理模式转型

自2000年以来，国内食品安全问题凸显，各地食品安全事件频发，各地食品安全新闻曝光率也越来越高。这一切都表明，新时期的食品安全问题越来越严峻。一个事实是，21世纪以来我国食品生产加工和销售以平均超过10%的速度持续增长。各种安全食品涌入市场，受到消费者信赖，但同时，食品安全问题仍然存在，出现食品安全问题的食品类型也有所增加。百姓对食品安全的关注程度越来越高。

9.1　21世纪以来的食品市场特征

9.1.1　食品市场概况

数据显示，从2005年到2010年，我国规模以上农副食品加工业、食品制造业和饮料制造业企业数分别从14 177家、5 428家和3 448家增加至25 855家、9 179家和6 412家，企业数量增幅分别达82.37%、69.10%和85.96%；规模以上农副食品加工业、食品制造业和饮料制造业的全部从业人员年均人数分别由219.05万、116.59万、87.54万增加至331.53万、168.78万和124.64万，增幅分别达51.35%、44.77%和42.37%；规模以上农副食品加工业、食品制造业和饮料制造业的利润总额分别从380.07亿、205.23亿和217.33亿增加至1 466.02亿、659.03亿和753.39亿，涨幅分别达285.72%、221.11%和246.66%。农副食品加工业、食品制造业和饮料制造业企业的平均利润分别从2005年的268.09万、378.10万和630.31万增加至2010年的567.02万、717.97万和1 174.97万，涨幅分别达111.50%、89.89%和86.41%[①]。

食品行业发展的一个突出特点是绿色食品、无公害食品、有机食品等安全食品市场份额日益扩大。20世纪90年代国家推动绿色食品发展以来，绿色安全食品广受消费者青睐。据统计，2012年，我国共认证绿色食品企业

---

① 国家发改委. 食品工业"十二五"发展规划［R］. 2012.

2 614家，产品6 196个。全国累计有效使用绿色食品标志的企业总数为6 862家，产品总数为17 125个。2012年，绿色食品产品国内年销售额达到3 178亿元[①]。

此外，无公害食品的生产与销售也逐步增长。至2004年底，全国累计共有11812个产品获得全国统一标识的无公害农产品认证，总量达6930.11万吨。其中，种植业产品9 170个，产量6 152.98万吨，面积429.2万公顷，占全国耕地总面积的3.3%；畜牧业产品1303个，产量663.81万吨；渔业产品1339个，产量113.32万吨，面积125.02万公顷。累计产地认定备案11 581个。其中，种植业8 373个，面积762.41万公顷，占全国耕地总面积的5.9%（总面积按1.3亿公顷计算）；畜牧业1 897个，合计13.8亿头（只）；渔业1 311个，面积123.54万公顷[②]。

食品行业的发展满足了人们对食品日益增长的消费需求。但同时，食品安全形势却不容乐观。2001年，国家质检总局（今国家市场监督管理总局）对米、面、油、酱油、醋等食品的全国抽检状况显示，这五类生活必需食品的平均合格率只有59.9%。在抽检的众多生产企业中，有近2/3的企业不具备保证产品质量的基本生产条件。2/5的企业不具备成品检验能力或产品出厂不检验。可见，食品安全质量问题较为严重[③]。

有关人士也统计了自2004年到2011年间，国内不同地区食品安全问题的具体分布及其严重程度。

2004年到2011年间，中国出现食品安全问题的地区范围不断扩大，尤其是食品安全问题较为严重的地区数量增加。比如，重庆、湖北、湖南、山东、北京、辽宁、广东、江苏、浙江等，都已经成为食品安全"重灾区"。

21世纪以来随着人们生活水平提高，百姓对生活品质和档次的追求不断提升，对健康绿色食品倍加青睐。2012年市场零售主要食品中，绿色水产品、蔬菜、滋补食品等的销售量持续快速增长。另一方面，随着现代社会生活节奏的加快，人们日常生活中烹饪的时间大大缩短。因此，食品市场开始出现各种各样的"懒人食品"，如可用微波炉加工的牛排，十分钟就能烤制好的提拉米苏蛋糕、冷冻蔬菜和切好的肉制品等逐渐风行，这些产品因其便捷的特点受到很多家庭的喜爱。不仅如此，随着人们物质文化生活越来越丰富，人们对食品的消费需求也呈现出多样化的特点。

---

① 郑宇杰等. 2013—2017年中国绿色食品市场投资分析及前景预测报告 [R]. 2013.

② 韩俊. 2007中国食品安全报告 [M]. 北京：社会科学文献出版社，2007：5-20.

③ 数据来源于中国网：http://www. china. com. cn/aboutchina/data/2007spaq/2007-11/19/content_9253495. htm

　　当然，在食品消费多样化、特色化、安全化的同时，消费者对食品安全问题也格外关注，对健康食品、绿色食品、无公害食品的需求量增加。众多食品安全问题的爆发导致消费者对食品质量安全持习惯性怀疑的态度。中国质量万里行食品安全调查报告显示，当前绝大多数消费者对食品安全持"很严重，没什么东西是安全的"的态度，比例占到了80.4%。而所担心的食品安全问题则包括散装食品问题、以次充好问题、过期变质问题、转基因食品问题、食品添加剂问题、食品违禁物问题、农药残留等问题。在关注食源性安全问题的同时，更加关注食品的化学性安全问题。具体见图9-1。

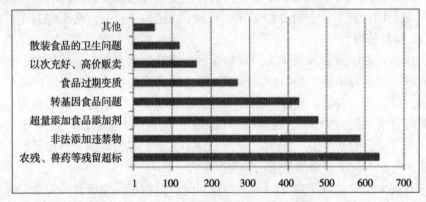

图9-1　百姓担心食品安全的具体问题[①]

　　由图9-1可知，消费者对农药、兽药残留；添加剂超标、违禁药物使用、转基因食品等的担心程度较大。即百姓对于食品生产和加工过程中的有害物质最为关注。在消费者积极关注食品安全问题的同时，对食品安全也有了较深入的了解和认识，并对食品安全的治理有了自己的认识。以下是消费者对食品安全解决措施的主要见解。

　　由图9-2所示，消费者认为加强监管和加大处罚力度是解决食品安全问题的主要方式。同时，增加媒体曝光率和强化食品行业自律也是有效的手段。可见，消费者对食品安全治理的认知已经较为深刻。

---

① 图9-1、9-2资料来源: 中国质量万里行. 中国质量万里行食品安全调查报告 [EB/OL]. (2011-07-01) [2011-07-01]. http://www.315online.com/action/reports/132227.html.

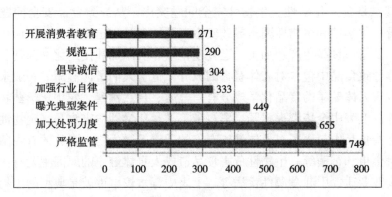

图9-2　百姓对食品安全治理的认知

9.1.2　新时期出现问题的食品类型及其特征

　　进入新时期，食品安全事件频发。事件发生频率高，百姓关注度也越来越高。下表是2001年至2012年全国各地影响较大的食品安全事件。

表9-1　2001—2012年我国部分食品安全重大事件一览表

	事件	发生地	食品类型	安全问题	危害
2001	冠生园陈馅月饼	南京	副食品	过期卫生问题	肠胃不适
2002	金华毒火腿肠	金华	肉制品	农药残留	中毒、致死
2003	毒海带	杭州	海产品	化学原料加工	食用中毒
2004	陈化粮	多省市	粮食	过期卫生问题	致癌物质
2005	肯德基苏丹红事件	上海	快餐	食品添加剂	食用中毒
2006	瘦肉精事件	上海	肉类	饲料添加剂	食用中毒
2007	速冻水饺事件	广西	副食品	有毒细菌	食用中毒
2008	人造红枣	乌鲁木齐	副食品	食品添加剂	中毒、出血
2009	三聚氰胺事件	全国各地	乳制品	食品添加剂	中毒、结石
2010	地沟油事件	全国各地	食用油	非法原料	致癌
2011	染色馒头	上海	主食	食品添加剂	过量危害健康
2012	老酸奶事件	全国各地	乳制品	非法原料	有害健康

　　通过对这一时期食品安全事件的梳理和分析，我们可以发现，出现安全问题的食品主要以副食品为主，同时日常生活常用食品配料如酱油、醋、食盐、味精等也多出现问题。

　　出现安全问题的食品主要呈现出以下特征：其一是出现安全问题的食品类型多样化。从出现问题的食品类型来看，安全问题食品涵盖了粮食、主食、配料、乳制品、饮料、酒类、快餐、肉类、食用油、水果等几乎所有食品类型。且副食品出现的安全问题增多。

其二是食品化学性、生物性安全问题突出。从导致食品安全问题的原因来看，化学性和生物性因素导致安全问题的食品也迅速增加。所谓化学性危害，是指在食品生产、加工、运输过程中非法添加和使用化学药剂、化学物质等导致食品中包含对人体有害的成分，危害人们圣体健康。一般来说，常见危害人体健康的食品化学成分有重金属、自然毒素、农用化学药物、洗消剂等。上表中金华毒火腿肠，毒海带等都是化学性危害食品。生物性食品危害是指食品中包含了对人体健康有害的菌毒等微生物。常见的有细菌、病毒、寄生虫和霉菌等。生物性危害食品造成人身体健康的原因主要有：引起食品腐败变质、引起食源性疾病等。上表中毒水饺事件就是典型的生物性食品危害事件，主要是因为水饺中含有对人体有害的黄色葡萄球菌。

其三是指标超标成为食品安全的主要问题之一。指标超标也是造成食品安全问题的重要原因之一。实际上，21世纪以来，食品安全问题的主要来源之一就是食品添加剂的超标。食品添加剂是为改善食品的色、香、味和增加食品贮存期而在食物中加入的化合物质或天然物质。目前，我国食品添加剂主要有：酸度调节剂、抗结剂、消泡剂、抗氧化剂、漂白剂、膨松剂、营养强化剂、防腐剂、甜味剂、增稠剂、香料等2 000多种，23个类别。

一般来说，食品添加剂是不会造成食品安全问题的。国家对食品添加剂的使用标准也进行了详细的规定。但由于食品添加剂标准不尽完善、检测技术和手段落后和企业非法经营等原因，仍然存在一些企业过量使用食品添加剂造成食品质量安全不过关，从而危害人体健康的事件。上表中三鹿奶粉三聚氰胺事件就是食品添加剂使用严重超标造成的食品安全事件。据悉，自2008年9月至2009年初，由三聚氰胺奶粉而受到危害的人数近30万人，造成了严重的社会不良影响，同时也严重打击了奶粉行业。

其四是知名企业和品牌食品也出现安全问题。食品安全问题不只是一些小企业和小品牌才存在的问题。实际上，2000年以后，一些大型知名企业和知名品牌也陆续被查出食品安全问题。如思念汤圆问题、三全馒头变质问题、双汇火腿肠事件、合生元矿物盐事件、农心方便面致癌事件和速成鸡事件等。知名品牌和企业产品出现食品安全问题进一步凸显了食品市场的不规范，也导致消费者对食品消费越来越缺乏信心。

9.1.3 新时期食品安全问题凸显的原因

分析新时期食品安全之所以凸显的原因，要从两个方面来入手：一是食品安全问题为何层出不穷；二是食品安全为何逐渐成为公众关注的焦点。

21世纪以来食品安全问题之所以层出不穷不外乎以下原因：首先是在市

场经济条件下，市场主体——生产经营者缺乏社会责任。市场经济的发展既是一个市场本身适应能力和应变能力逐渐成熟的过程，同时也是市场主体之一——生产经营者逐渐成熟的过程。市场生产经营者逐渐成熟表现在对市场规律、市场秩序和监管逻辑的认识逐渐深入。在这个基础上，生产经营者可能更加容易从市场监管和市场秩序中寻找漏洞，甚至是更有效的寻求规避市场风险和市场惩罚的渠道。

当然，生产经营者对市场规律和市场秩序认知的增加本身并无害处，但是生产经营者将这些认识用于规避市场监管和惩罚就导致其社会责任的缺失。在生产、加工、包装、运输、销售的过程中从事食品的非法经营，从而给消费者带来健康、安全隐患。

其次是政府监管不善，一事一治，缺乏常态化监管和惩罚机制。如果说食品生产经营者社会责任是保证食品安全的源头，那么，政府监管就是在食品到达消费者手中之前保证食品安全的最后一道防线。在生产经营者社会责任缺失，食品安全源头保障机制出现问题的情况下，食品安全就只能指望政府监管这道环节起到有效的作用。

然而现在的问题是，政府监管并没能起到有效的作用。尤其是对食品安全问题的惩罚力度不强，导致生产经营者违法成本低，降低了政府监管的实际效力。现在的惩罚措施一般是通报批评、限期整顿、罚款、追究当事人责任等。其中对当事人责任的追究没有区别"有罪推定"和"无罪推定"的不同。所谓有罪推定是指在没有充分的证据证明无罪，既是有罪。而无罪推定则是指没有充分证据证明有罪，既是无罪。由于食品安全问题关乎民生健康和安全，在国家相关规定和标准体系下，应该是有罪推定为依据。但事实上，政府监管对"没有造成恶果的违法行为"的监督和惩罚严重缺失，导致监管漏洞。2011年仅上半年时间就被曝光500件食品安全事件就是最大的证明。

不仅如此，政府对食品安全问题的监管也缺乏常态化的巡查和巡检制度。目前政府应对食品安全问题的主要方法是出现一件，处理一件。这种"事后追究"的滞后监管方式无法起到保障食品安全的作用。也没有建立起有效的常态化巡查巡检措施，缺乏对食品生产、加工、包装、运输和销售的实时监控。

而就消费者之所以格外关注食品安全问题的原因，则与消费者自身安全意识和信息传播造成的社会反响是相关的。首先，消费者食品安全意识的提高，对食品安全质量预期和要求的上升也是食品安全成为公众关注焦点的主要原因。进入新世纪以后，尤其是近些年来，随着人们生活水平极大提高，人们对生活质量和生活品质的要求也随之上升。这其中就包括对所消费的商品和食用的食品质量和安全的预期水平的提高。

现代社会生态环境的过度开发与工业发展导致环境质量急剧下降。同时，环境污染与生态破坏也严重危及人类生存环境。这导致人们对自身生存与生活安全的危机感逐渐提高。而在这之外，食品安全正成为影响人身体健康和安全的最大隐患。食品安全问题也因此成为人们关注的焦点。据相关的网络调查，2012年众多民生问题中，食品安全成为百姓最关注的问题，关注率超过65%。而在调查的民众当中，对食品安全问题的关注度也超过82%。[①]

其次，网络新闻媒体等中介对食品安全信息的传播和报道增加了公众认识食品安全的可能，并成为引导公众舆论的重要平台。我国新《食品安全法》规定，"新闻媒体应当开展食品安全法律法规以及食品安全标准和知识的公益宣传，并对违反本法的行为进行舆论监督"，明确规定了新闻媒体和网络在食品安全监管中的具体职责。以图9-3为例[②]，演示了新闻媒体在食品安全事件监督报道中的具体内容和所产生的社会作用。新闻媒体的报道以及网络信息的传播增加了人们对食品安全问题和食品安全事件的认知与了解。同时，通过新闻媒体和网络，公众也得以直接或间接的参与对食品安全问题的讨论以及监管。

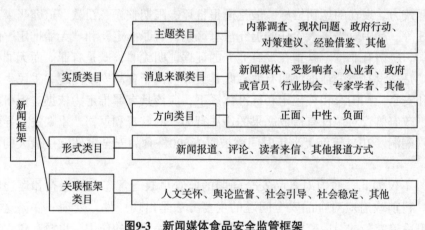

图9-3　新闻媒体食品安全监管框架

① 深圳特区报. 82%公众主度关注食品安全 [EB/OL]. (2007-01-16) [2007-01-16]. http://news. sina. com. cn/c/2007-01-16/055011008016s. shtml

② 图片来源: 陈霄雪. 论《南方周末》食品安全报道的新闻框架 [D]. 南京大学硕士论文, 2013: 24.

9.2　食品安全监管体系改革

9.2.1　提高食品安全工作决策水平，推动社会共治格局

进入21世纪以来，食品安全引起了公众、党和政府的高度重视。几乎全国各个省市都被查出存在食品安全问题，彰显政府全能主义监管模式存在重大缺陷和漏洞。在政府全能主义监管模式难以有效控制食品安全问题发生的背景下，国家于2009年修订并颁布新的《食品安全法》。

2009年6月1日，《中华人民共和国食品安全法》取代《中华人民共和国食品卫生法》正式施行。该法广泛借鉴了发达国家食品安全的经验，对原有的《食品卫生法》进行了修改和完善。该法以"食品安全"的概念取代了"食品卫生"的传统称谓，扩大了食品安全的监管范围。该法还第一次建立了食品召回制度。

根据2009年6月1日施行的《中华人民共和国食品安全法》的第四条规定，加强对食品安全工作的领导，2010年2月6日我国新成立食品安全委员会，作为国务院食品安全工作的高层次议事协调机构：

国务院设立食品安全委员会，其工作职责由国务院规定。

国务院卫生行政部门承担食品安全综合协调职责，负责食品安全风险评估、食品安全标准制定、食品安全信息公布、食品检验机构的资质认定条件和检验规范的制定，组织查处食品安全重大事故。

国务院质量监督、工商行政管理和国家食品药品监督管理部门依照本法和国务院规定的职责，分别对食品生产、食品流通、餐饮服务活动实施监督管理。[①]

食品安全委员会的设立针对的就是我国传统上部门林立、缺乏协调，职责不清，效率低下的问题，力图实现食品安全监管的纵向的、一元化的领导，协调各个部门的工作。实际上，我们可以看到，新设立的食品安全委员会有借鉴日本的食品安全委员会制度之处，力求综合指导、协调和监督各个部门，实现纵向直属的集中领导。不过，我国食品安全监管体系目前的机构林立、分段监管的总的制度框架并未受到触动。比如，《食品安全法》的第七十六条规定："县级以上地方人民政府组织本级卫生行政、农业行政、质

---

① 新华社. 中华人民共和国主席令 [EB/OL]. (2009-02-28) [2009-02-28]. http://www.gov.cn/fHg/2009-02/28/content_1246367.html.

量监督、工商行政管理、食品药品监督管理部门制定本行政区域的食品安全年度监督管理计划，并按照年度计划组织开展工作"。①这里又出现了地方人民政府负责指导和协调地方各个部门的规定。我们不知道，在具体实施过程中，各地方执法部门的上级直属部门与地方各级人民政府和新设立的食品安全委员会之间的权力分配和职责究竟有何明确区分。综上可以看出，新设立的食品安全委员会在短期之内，并不会在根本上改变我国食品安全监管上传统的政府分段监管模式。这也就意味着，政府监管所存在的诸多弊病难以期望在短期内得到缓解。

新的《食品安全法》明确提出食品安全责任主体多元化的理念，并具体规定了食品行业协会、新闻媒体、社会组织和个人等多种社会力量在食品安全监管中的职责和义务。食品安全监管进入多元共治阶段。2013年的食品安全宣传周也将主题定位"社会共治，同心携手维护食品安全"。食品安全社会协同共治的理念正逐渐被公众了解，并深入人心。

9.2.2　机构职责整合提高监督管理能力

2013年3月22日，"国家食品药品监督管理局（State Food and Drug Administration，简称SFDA）"改名为"国家食品药品监督管理总局（China Food and Drug Administration，简称CFDA）"。这意味着这一新组建的正部级部门正式对外亮相，食品安全过去多头分段管理的"九龙治水"局面结束。

将食品安全办的职责、食品药品监管局的职责、质检总局的生产环节食品安全监督管理职责、工商总局的流通环节食品安全监督管理职责整合，组建国家食品药品监督管理总局。主要职责是，对生产、流通、消费环节的食品安全和药品的安全性、有效性实施统一监督管理等。将工商行政管理、质量技术监督部门相应的食品安全监督管理队伍和检验检测机构划转食品药品监督管理部门。

为做好食品安全监督管理衔接，明确责任，新组国家食品药品监督管理总局（今国家市场监督管理总局）负责食品安全风险评估和食品安全标准制定。农业部（今农业农村部）负责农产品质量安全监督管理。将商务部的生猪定点屠宰监督管理职责划入农业部（今农业农村部）。

机构改革后，食品药品监督管理部门要转变管理理念，创新管理方式，

---

① 中央政府门户网站. 国务院关于设立国务院食品安全委员会的通知［EB/OL］.（2010-02-10）［2010-02-10］. http://www.gov.cn/zwgk/2010-02/10/content_s32419.html.

充分发挥市场机制、行业自律和社会监督作用，建立让生产经营者真正成为食品药品安全第一责任人的有效机制，充实加强基层监管力量，切实落实监管责任，不断提高食品药品安全质量水平。

9.3 迈向城乡社会协同共治的食品安全治理模式

9.3.1 社会协同共治模式概述

所谓协同共治，即各种力量协调、配合共同参与社会某一方面的治理。学者在早期对治理的理解模糊了个人和公共界限，并未分离出协作的含义。比如，全球治理委员会对治理的解释，是指各种公共的或私人的个人和机构管理其共同事务的诸多方式的总和①。然而，由于20世纪90年代正值治理理论兴起，此时也是"国家—社会"关系变革的重要时期。对治理的理解也逐渐向公共性转型。

20世纪90年代，市场的概念受到学术界热议。同时，公民社会也有所复兴，并在国家与个人之间建立起一个带有自主性和组织性的"中间地带"。以往政府单一行政管理的手段难以突破中间地带的障碍直接将管理的触角伸及公民个人，不得不借助多样化的手段，包括在中间地带寻求治理的辅助力量和创新的治理手段。在政府积极寻求新的治理手段和技术的同时，市场和公民社会也急于寻求地位的合法化，并借力发展壮大。因此，国家与市场和公民社会之间的交换和契约性的合作关系就此达成，逐渐形成了多元公共治理的模式。

食品安全的社会协同共治模式也属于公共治理的范畴，并具有公共治理的特征。即政府联合市场、社会各种力量共同参与食品安全的治理。具体而言，食品安全的社会协同共治模式是指调动社会各方力量，包括政府监管部门、相关职能部门、有关生产经营单位、社会组织乃至社会成员个人，共同关心、支持、参与食品安全工作，推动完善社会管理手段，形成食品安全社会共管共治的格局。政府有关部门、政策界和学术界认为社会协同共治是创新社会管理和市场监管、促进政府职能转变和实现公共利益最大化的重要途径，也是解决食品安全监管中存在的公共服务分散不均、监管力量相对不足，以及微观环境复杂多变等突出问题的有效手段。当前，市场经济进一步发展，市场主体也趋于多元化。对于食品行业来说，由于该行业的进入门槛

---

① 曾正滋. 公共行政中的治理——公共治理的概念厘析 [J]. 重庆社会科学, 2006 (8)：81-86.

较低，导致中小食品企业尤其是小企业、小作坊大量出现，且较为分散。这就给政府监管带来了较大的难度。大量小企业和小作坊的存在分散了大部分政府监管的精力，监管效果仍然不好。主要是因为小企业、小作坊生产成本低，转移和重新经营的成本也低，这导致政府监管难以准确定位。此外，各种新技术的发展也导致种类繁多的添加剂、食品配料等进入食品加工业，给食品安全的监管带来新的技术要求。比如，三鹿奶粉事件中的有害成分三聚氰胺，在事件发生前就未能进入政府食品检测和监管的视野。

总之，市场环境的变化和食品加工新技术的革新导致政府在应对市场变化和检测技术革新等方面的反应较为迟缓。而市场和新闻媒体以及社会组织、个人的参与则弥补了政府反应迟缓和监管乏力的缺陷。这些多元主体的加入对于争取准确、迅速掌握市场动态，获取行业信息具有积极的作用。

从运作机制来看，社会协同共治食品安全模式的运作机制是国家执法、市场自律、社会参与和监督的三位一体机制。具体来说，社会协同共治中的多种力量大致包括政府、行业协会、企业生产经营者、检测机构、新闻媒体、社会组织、公民个人等主体。按责任主体和监管职责的标准，我们可以大致分为三方力量：政府作为监管主体；市场（行业协会、食品企业、食品从业者）作为自律主体；食品安全检测机构、新闻媒体、社会组织、公民个人等作为第三方监督力量。三方力量各自发挥不同的监管作用。

首先，政府作为监管主体在法律法规的制定、规范市场秩序和行政执法、奖惩等方面起主导作用。食品安全监管主体虽然多元化，协同共治中的政府依然扮演重要角色。政府的作用一方面在于自上而下统摄食品安全监管工作。食品安全监管毕竟涉及行政执法和违法追究等责任。在三方监管主体中，只有政府具有明确的权威，能够采取强制性力量对违反食品安全法律法规的行为进行惩罚，因此，政府的作用尤其重要。另一方面，政府还必须扮演宣传和引导的角色。在宣传食品安全法规、鼓励引导公众参与食品安全监督和举报食品安全问题等也应该起到应有的作用。

其次，市场主体——行业协会、企业、从业者等扮演着自律、相互监督的作用。行业协会是一个中介组织，代表一个行业全体企业的共同利益。是社会多元利益的协调机构，是实现行业自律，规范行业行为，开展行业服务，保障公平竞争的社会组织，是政府与企业沟通、协调的桥梁和纽带[①]。因此，行业协会在食品安全监管中应该起到协调、监督的作用。

---

① 郑小伟，王艳林. 食品安全监管中的第三方力量[J]. 河南省政法管理干部学院学报，2011（5-6）：148-151.

我国《食品安全法》明确规定：食品行业协会应当加强行业自律，引导食品生产经营者依法生产经营，推动行业诚信建设，宣传、普及食品安全知识。可见，行业协会的监管作用主要体现在协助落实国家政策和引导企业依法经营。而企业、从业者，作为食品生产、加工和经营的直接参与者，他们是否依法经营直接关乎食品的安全和质量。因此，对于企业责任人和从业者来说，履行食品安全监管的首要任务是要做到"自律"。

再次，第三方力量——食品安全检测机构、新闻媒体、社会组织和个人等，在食品安全监管中主要发挥监督、举报、建言献策的作用。食品安全检测机构是评价食品安全的技术部门，由他们对食品的质量、品质、要素进行检测，并认定食品是否能够健康食用。因此从某种程度上来说，食品安全检测机构能否实际履行职责，决定着公众对食品安全的认知。

新闻媒体对于事实的公开和舆论的导向等具有重要的作用。既可以提高不法生产经营者的"违法成本"，迫使食品生产经营者依法经营，也可以保证公众的知情权，并引导舆论的方向。比如，在三鹿婴幼儿奶粉事件中，新华社、南方日报、扬子晚报等媒体持续追踪报道该事件，充分发挥了揭开真相引导舆论的重要作用。

社会组织和个人，作为完全独立自主的第三方力量，在食品安全的监督、检举和向政府建言献策方面也可以起到积极的作用。我国《食品安全法》第十条规定：任何组织和个人有权举报食品生产经营中违法行为，有权向有关部门了解食品安全信息，对食品安全监督管理工作提出意见和建议。由于社会组织和个人分布面广，涉及不同层次人群，因此，在食品安全监督和管理中更能够弥补国家、市场等主体监管的盲区与漏洞，并在建言献策方面更具有真实性和实践性。

下面以2008年三鹿婴幼儿奶粉事件为例，说明政府、市场、第三方检测机构和新闻媒体、社会组织和个人等发挥的具体作用。

2008年3月，南京儿童医院将10例婴幼儿泌尿结石样本送至南京市鼓楼医院进行检验。对三聚氰胺致使婴幼儿肾结石的调查就此开始。

6月28日，兰州市解放军第一医院收治首例患"肾结石"病症的婴幼儿，据家长们反映，孩子从出生起就一直食用河北石家庄三鹿集团所产的三鹿婴幼儿奶粉。

7月中旬，甘肃省卫生厅接到医院婴儿泌尿结石病例报告，展开调查，并报告卫生部。之后两个多月，该医院收治的患婴人数扩大到14名。

7月24日，河北省出入境检验检疫局检验检疫技术中心对三鹿集团生产的16批次婴幼儿奶粉进行检测，结果显示其中15个批次都含化学原料三聚氰胺。

8月2日，三鹿集团将奶粉被"三聚氰胺"污染的情况书面报告石家庄市政府和新华区政府。

8月4日至8月9日，三鹿对送达的原料乳200份样品进行了检测，认为"人为向原料乳中掺入三聚氰胺是引入到婴幼儿奶粉中的最主要途径"。

9月9日，《兰州晨报》上刊登题为《14名婴儿同患"肾结石"》的报道。后湖南、湖北、山东、江苏、安徽等地相继传出疑似病例的消息，经调查，原因皆为婴幼儿喝了三鹿品牌的奶粉导致的，至此，三鹿毒奶粉事件扩大化。

9月11日，中国卫生部指出，甘肃等地报告多例婴幼儿泌尿系统结石病例，调查发现患儿多有食用三鹿牌婴幼儿配方奶粉的历史，经相关部门调查，高度怀疑三鹿集团股份有限公司生产的三鹿牌婴幼儿配方奶粉受到三聚氰胺污染。

9月11日晚，石家庄三鹿集团股份有限公司发布产品召回声明，称经公司自检发现，2008年8月6日前出厂的部分批次三鹿牌婴幼儿奶粉曾受到三聚氰胺的污染，市场上大约有700吨。三鹿集团决定全部召回该批次产品。

12月19日，三鹿集团借款9.02亿元付给全国奶协，用于支付患病婴幼儿的治疗和赔偿费用。

12月下旬，债权人石家庄商业银行和平西路支行向石家庄市中级人民法院提出了对债务人石家庄三鹿集团股份有限公司进行破产清算的申请。

以上是三鹿毒奶粉事件发生和发展的大致过程。事件曝光后，产生了较大的社会影响。一时间社会"谈奶粉色变"。分析事件发生的过程可以看出，新闻媒体和第三方医院、检疫检测机构在发现和揭露三鹿毒奶粉事件的过程中发挥重要大用。奶业协会等社会组织发挥了重要作用，主要是协调问题企业和受害者群体之间的理赔关系，并支付相关医疗费用等。而个人的作用发挥除了表现在检举公共性危害事件外，还主要起到就公共事件产生的危害公民社会及其个人的问题向政府问责的作用。公民个人对政府服务和管理的拷问对于政府履行相应职责具有鞭策作用。

政府所发挥的主要作用是调查事件真相、回应社会质疑、处理相关负责人、加强奶粉行业监管等。事件发生之后，卫生部（今卫计委）、农业部（今农业农村部）、公安部、国家质检总局（今国家市场监督管理总局）、工商总局、商务部、国家发改委等各部门都成立专门行动组，负责处理该事件。国务院也先后召开了多次全体会议，并成立了针对该事件的专门领导小组，负责领导和协调各机构工作，具体见表9-2。从表中政府举措可以看出，政府部门在处理突发事件危机的过程中，对市场失序的整顿、对违法犯罪的追究等依然起到决定性的作用。作为绝对的权威，国家机构在这些方面的作用是市场和新闻媒体等所无法替代的。

表9-2 三鹿毒奶粉事件中政府机构职责和举措

	卫生部	农业部	工商总局	质检总局	商务部	公安部
职责	发布调查诊疗信息	奶源调查安全检查	市场监管	质量检测安全检查	产品流通市场供应	调查、取证逮捕犯罪嫌疑人
举措	统计病患数量；组织医疗机构与专家进行会诊	成立督导组深入基层奶牛养殖场、饲料企业、奶站调研切断问题奶源	责令问题奶粉下架、查封并销毁问题奶粉	组织全国质量检查机构对婴幼儿奶粉企业开展专项检查	成立专题调研组到各地调研、协调企业生产与市场供应	调查、取证并逮捕非法使用三聚氰胺加工牛奶的犯罪嫌疑人

9.3.2 "城乡合作"框架下的社会协同共治机制

在如今乡村振兴战略提出的新背景下，食品安全治理的另一条思路在于激活中国农民合作社食品安全治理体系积累的优势和经验，重点先在农村打造食品安全治理协同网络。一方面在内部加强农村社会治理创新，加强农民组织化建设，健全农村内部信任和合作机制，为农民合作社提供新技术，健全食品安全培训制度，提高内部食品安全激励机制奠定社会基础；另一方面，中央政府和地方政府在政策、技术、资金等方面加大力度支持农民合作社生产标准化安全农产品，打造食品安全龙头合作社，并通过监督和政策规制等机制提升农产品生产企业的社会责任，建立政府、农民合作社、农产品企业的利益联动和信息共享的协同机制。在农村食品安全治理体系取得成效的前提下，提倡"城乡合作"的理念，将培育食品安全消费者网络的内容，也视为城市社区治理创新体系的重要内容，尤其是顺应城市中产阶层日益增长的注重饮食健康生活方式的需求，发挥公益性组织的中介作用，将绿色食品消费者组织起来形成消费者网络，通过组织城市消费者参观农民合作社，绿色食品试吃活动，城乡居民食品安全座谈会等形式，将固定的消费者与固定的安全食品生产者进行一对一的对接，突出食品安全治理的互动性、参与性和主动性，最终形成城乡连接的"巢状市场"型食品安全治理结构。

9.3.3　社会协同共治中的政府监管机制

国家政府作为立法和行政执法主体，对食品安全的监管起主导作用。除了立法和执法工作外，还主要负责食品安全监管工作的统一安排，并提出纲领性的工作要求和重点部署。比如，国务院办公厅每年发布《食品安全年度重点工作安排》的通知。提出食品安全监管的具体要求，并部署具体的工作内容。

当然，各级政府在食品安全监管中又扮演不同的角色。我国新《食品安全法》第五条第一款规定，县级以上政府统一负责、领导、组织、协调本行政区域的食品安全监督管理工作，建立健全食品安全全程监督管理的工作机制；统一领导、指挥食品安全突发事件应对工作；完善、落实食品安全监督管理责任制，对食品安全监督管理部门进行评议、考核（中国食品安全法制网）。食品安全监管地方负责制细化了食品安全监管的具体责任，强化了地方食品安全监管的义务。

在对产生一定影响和危害相对较大的食品安全事故进行处理的过程中，政府起到主要的作用。在应急机制的启动、突发事件的处理、信息的公开、舆论的引导和平息等方面，政府起决定性的作用。而在产品的检测、不合格产品的收缴、销毁和违法责任的追究，都需要借助政府权威和行政力量来达到治理的目的。而地方则主要根据地方事故发生具体情况，在中央的具体要求下对事件进行检查、分析和处理。

比如，以2008年三鹿奶粉事件为例，事件发生后，甘肃地方经医院检查和病理分析后，将情况上报卫生部（今卫计委）。卫生部（今卫计委）调查后确定三聚氰胺致病原因，并要求各地上报患儿三鹿奶粉致病情况，及时掌握病况发展趋势。并会同中华医学会专家制定相关诊疗方案。同时成立调查组赴各地指导工作。与此同时，工商总局、质检总局、农业部（今农业农村部）、商务部等各中央部委都在各自职权范围内采取相应措施自上而下指导地方具体工作和做统一安排。而地方河北省和石家庄市也第一时间采取了相应措施。河北省政府成立三鹿奶粉事件应急处理领导小组对产品下架召回、市场稳定、医疗救治、产品质量监测、原料奶调查和奶农工作等作出安排。石家庄市也成立重大食品安全事件领导小组，对三鹿集团停产整顿、违法人员和违法行为调查等进行统一领导。从中央到地方的一系列举措说明，食品安全监管中的政府是自上而下的一套完整体系。在事故发生后，地方第一时间就事件具体情况上报中央部门，中央部门随之作出回应和相应部署，地方在中央部署下启动应急机制。具体关系见下图9-4。

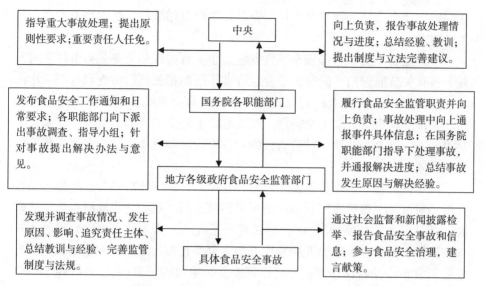

图9-4　各级政府食品安全监管与责任机制

9.3.4　社会协同共治中的市场自律机制

企业和生产经营者是市场的主体，而市场则是食品安全问题的源头。企业和生产经营者等市场主体对食品安全的自律对食品安全的监管起源头保护作用。因此，食品安全监管强调企业和经营者的社会责任。关于社会责任，有人认为它意味着公器要有社会良心；也有人认为它是正当性的同义语；当然也有人主张企业社会责任是作为一种信托义务，要求商人要比普通老百姓遵守更高的道德标准①。这就要求企业在最大限度为股东盈利外，还应当最大限度地增进股东之外的其他所有社会利益②。

我国《公司法》也提出了企业社会责任的概念。该法第5条第1款规定："公司从事经营活动，必须遵守法律、行政法规，遵守社会公德、商业道德，诚实守信，接受政府和社会公众的监督，承担社会责任。"③明确将公司应当承担的社会责任纳入法律的范畴。

具体来说，在食品安全监管中，企业与生产经营者主要起到日常生产的自我监督、检测和员工要求等作用。应该建立常态化的企业自检机制。这是企业社会责任事件机制的内核。即制定和实施合乎道德的决策与行动，并树

---

① D. Votaw, Genius Becomes Rare in The Coperatione Dilemma: Taditional Values and Contemporary Problems editd by D Votaw, 1975: 11-12.

② 刘海俊. 公司的社会责任[M]. 北京: 法律出版社, 1999: 6-7.

③ 王辉霞. 食品安全多元智力法律机制研究[M]. 北京: 知识产权出版社, 2012: 102.

立明确的社会责任，将社会责任与企业日常运营相结合，融入企业管理、员工培训中去。

一旦监管不力，食品安全事件发生，企业有责任和义务公布事件实情，并上报有关政府部门。同时，企业也有责任协助相关部门检查和处理工作，对相关当事人和责任人进行责任追究。而且也要对相关的问题产品进行召回、并提醒消费者产品安全问题。在此基础上向受损害的消费者尽道歉、赔偿等义务。这是企业履行社会责任的外在表现。即尊重、考虑和回应相关的利益主体。

同样以三鹿奶粉事件为例，自事件开始后，2008年8月2日，三鹿集团首先将奶粉被"三聚氰胺"污染的情况书面报告给了石家庄市政府和新华区政府。后又对送达的原料乳200份样品进行了检测，认为"人为向原料乳中掺入三聚氰胺是引入到婴幼儿奶粉中的最主要途径"。之后，三鹿集团股份有限公司发布产品召回声明称，将市场上受三聚氰胺污染的大约700吨奶粉全部召回。在后期事件处理中，三鹿集团借款9.02亿元付给全国奶协，用于支付患病婴幼儿的治疗和赔偿费用。同时召开董事会，对相关责任人提出处理意见，配合公安机关进行事件侦查。

9.3.5 社会协同共治中的社会参与机制

社会力量是政府服务、管理和企业社会责任的直接承担者。社会力量的参与既是食品安全协同共治体系的基础框架，也是政府监管的合理补充。

社会参与包括三个方面的要素：参与主体，即社会组织和公民个人、参与领域，即公共领域、参与渠道①。在食品安全社会协同共治中，参与的主体即是各类社会组织和公民个人。一般来说，社会组织和个人，尤其是个人可以通过各种渠道参与食品安全监管。如果按照参与时间来看，则可以分为事前参与、事中参与和事后参与。事前参与一般来说表现为：参加政府立法听证会、向政府制定法律草案时公开征求意见建言、组织宣传食品安全法律法规等。事中参与则可分为：向行政和执法部门举报食品安全问题与个人、互联网揭露和讨论、向媒体提供信息等。而事后参与则主要表现为：监督问题食品召回、监督食品安全事故处理、协调和监督向受害群体的赔偿等。

在参与主体中，社会组织应该发挥更加积极主动的作用。目前世界各国民间组织都在食品安全监管中发挥重要作用。比如，日本的"四叶草合作联盟"、美国的农产品安全联盟等。我国目前的食品安全监管以政府监管为

---

① 俞可平. 公民参与的几个理论问题[N]. 学习时报, 2006-12-19.

主，行业自律为辅。因此，行业协会等社会组织应该发挥应有的作用。行业协会对行业的技术、流程、品质、安全、成本、管理、流通等均比较了解。而且，行业协会作为联系市场和国家、个人之间的桥梁，对于协调国家与市场关系、协调市场与社会关系具有积极作用。因此，由行业协会来监管行业发展具有先天的优势。此外，消费者协会、各仲裁组织等对食品安全的监管也能起到辅助的作用。

在三鹿奶粉事件中，三鹿集团曾借款9亿元支付给奶协，帮助协调向病患对象支付诊疗费和赔偿费等。奶协作为奶业协会，在事件处理中就起到了协调市场和消费者之间的关系的作用。当前，国家食品药品监督管理总局（今国家市场监督管理总局）邀请中国消费者协会、中国食品工业协会、中国烹饪协会、中国蔬菜流通协会、中国肉类协会、中国调味品协会、中国乳制品工业协会、中国饮料协会、中国副食流通协会、中国淀粉工业协会和中国香料香精化妆品工业协会等22家食品行业协会及社会相关组织的负责人座谈，听取食品安全监管意见，突出体现了社会组织等社会力量在食品安全社会协同共治中的重要角色。

9.4 国家、市场与社会关系与中国食品安全治理模式转型

9.4.1 食品安全政府监管模式与社会协同共治模式的区别

食品安全政府全能主义监管模式向社会协同共治模式的转变体现出政府社会管理技术和手段的革新。具体来说，呈现出以下几个方面的不同特点。

首先，治理主体多元化。21世纪以来，我国市场经济有了较快的发展。随着市场开放范围的扩大和开放程度的深入，国内、国外各种不同形式的生产经营者进入市场领域，市场准入和退出机制更加便利，市场主体明显多样化、复杂化。市场竞争更加激烈，从而导致一些不法商人采用不合理的竞争手段或假冒伪劣产品愚弄消费者。而市场准入和退出机制的不完善造成市场门槛的降低，也使市场主体鱼龙混杂，素质不一，从而给政府监管提出了新的挑战。政府单一监管模式已经难以满足市场发展的需求。因此，需要社会多方力量共同参与食品安全的监督与管理。而这也是协同共治模式与政府监管模式的最大区别。在政府全能主义监管阶段，食品安全主要靠国家行政力量对市场进行监控，公民个人、社会组织、新闻媒体等没有发挥应有的作用。

其次，不同监管主体监管范围的有限性。在政府监管模式时期，政府全能主义的色彩浓厚，国家权力和行政力量渗透到社会生活的诸多方面，从而

压制了市场和民众社会的自由和活力。然而，政府力量毕竟是有限的，在有限的力量渗透到社会各个领域后，难免形成社会监管的漏洞，而食品安全之所以产生较大的问题与政府监管漏洞不无关系。

新时期的食品安全协同共治模式与政府监管模式的另一区别就在于：在引入多元监管主体的同时，限定了各监管主体的职责范围。通俗地说就是，凡是市场和社会等第三方力量可以解决的，政府均应减少干预或不干预。另外，政府的监管也可以通过委托、代理的关系来承包到中介组织和社会力量等，并赋予其一定的监督权。国家权力和政府监管权被限定在特定的领域和特定范围内，从而给社会力量发挥更大作用提供了广阔的空间。为食品安全多元治理提供了机制保障。

再次，监管模式的开放性和透明性。市场的信息不对称缺陷指出，在市场中，消费者和生产经营者占有的信息严重失衡，消费者不了解产品信息，无法辨识产品质量和安全，从而给不法商人违法经营制造了契机。而政府监管本身又限制了消费者参与权和及时知情权。因此，面对食品安全问题，消费者往往较为被动。

而社会协同共治式的食品安全治理模式则提倡社会力量的充分参与，市场的自律和政府监管的服务性。社会力量的充分参与使得公民在参与食品安全监督和食品安全问题治理的过程中能够及时了解到生产经营情况和食品安全信息，同时也能够对食品安全问题采取及时的应对措施，从而保障消费者权益。而市场的自律则通过对不法商人的各种淘汰和联合抵制作用，起到更直接的非正式惩罚作用。政府监管方面，现代政府管理越来越向服务型模式转变，强调政府信息的公开性和透明性。对于食品安全监管和治理来说，要求政府及时通报事件具体信息、进展、危害、解决措施等，可以充分保障市场和社会的知情权。

最后，监管手段的协同化。监管主体的多元化也使政府在食品监管的手段和技术方面有了多种选择。

不同的治理主体优势和功能不同，在危机中的作用也不同。要提高食品安全危机治理的能力，关键在于整合不同主体的功能。既包括行政系统内部各部门之间业务流程的协同，也包括政府与企业、组织和个人等所形成的公司合作关系。通过不同主体间的充分协作，使食品安全治理个主体的整体功能得到强化。

另外，社会信息和公共资源的信息化为不同治理主体的功能整合提供了网络化合作的平台基础。政府不同层级和机构共同为整体化治理服务，共享信息，协同治理[①]。

9.4.2 食品安全监管政府全能主义模式与协同共治模式的共性

由于历史环境和条件的不同，食品安全政府监管模式向社会协同共治模式的转变在市场环境、监管主体、监管方式等多个方面存在明显的区别。然而，二者之间仍然存在一些共性，或者说，当前食品安全社会协同共治模式仍然存在与政府监管模式类似的缺陷，具体表现在以下几个方面：

首先，政府在食品安全监管、治理中仍然处于主导地位。社会多方力量参与食品安全监管和治理的模式已经在实践中摸索了多年，但作为一种萌发的新生模式，在建立食品安全社会协同共治常态化机制和具体的协作规则方面还存在一定的滞后性缺陷。

目前，在食品安全监管中，虽然行业协会、新闻媒体、公民个人等社会力量以及企业等市场主体都有不同程度的参与。但在日常的监管中并没有形成常态化的机制，也就是说，目前的食品安全监管仍然以"危机治理"为主要特征。即出现了问题，多方力量协同介入、共同治理。在食品安全预防性监管中，多种力量的参与明显不足，仍然主要以政府行政力量为主体进行市场监督和安全管理。

其次，新闻媒体自主性差，存在报道失真问题。新闻媒体在社会事件的报道中具有聚焦和追踪的作用，对于倡导主流话语权和引导社会舆论具有直接的作用。然而，在我国，新闻媒体的独立性并没有完全的得到体现。新闻媒体往往被视为国家和政府的"喉舌"[②]，其话语权受到某种程度的限制，而无法完全发挥应有的作用。这种限制在计划经济时期和改革开放初的一个时间段内体现得尤其明显。尤其是"文革"时期，新闻媒体甚至被控制成为所谓阶级斗争的工具。进入21世纪以来，新闻媒体的自主性有了极大的提高，逐渐真正成为为百姓发声的平台。但是，在新闻媒体自主化发展的过程中，也出现一些不合理的现象，比如，记者用语官腔化、报道内容虚假化等。新闻媒体在信息发布和舆论导向方面的自愿、自主性受到一定的局限，在面临压力下仍然存在报道失真和舆论导向不明的问题[③]。

---

① 斯蒂芬·戈德史密斯，威廉·D.埃格斯. 网络化治理：公共部门的新形态[M]. 孙迎春译. 北京：北京大学出版社，2008：1.

② 刘金凤. 论新闻媒体的"喉舌"与舆论监督作用[J]. 齐齐哈尔大学学报（哲学社会科学版），2011（5）：1.

③ 余红燕. 突发事件新闻应急的路径选择及其行政逻辑——基于温州的实证分析[J]. 黄冈师范学院学报，2011（4）：83-86.

在食品安全的报道中，新闻媒体的报道也存在一定的目的性和偏颇性。据一项对国内媒体就食品安全的报道揭示，新闻媒体在食品安全的报道中，信息来源主要以政府部门或官员为主，而来自记者自身调查和受害人家属等的信息则较少[①]。这说明，新闻媒体的报道受到国家和政府影响依然较大。

此外，新闻媒体食品安全报道的偏颇性也导致报道信息既存在报道不科学、不客观、不全面造成夸大食品危害、制造"冤假错案"的道德缺失问题，也存在隐瞒食品安全的责任缺失问题。比如，新闻媒体在对2010年的"橡胶门"和圣元奶粉的"早熟门"等食品安全事件的报道中就存在偏差，从而给企业带来损失，也混淆了消费者的认知，造成社会恐慌。类似事件如香港"砒霜鱿鱼丝"事件、上海"多宝鱼事件"都具有同样的报道失真问题。而新闻媒体在食品安全报道中的选择性也严重影响公众对事实的了解。在市场经济环境下，一些媒体和记者存在被企业"收买"和"绑架"的现象，在食品问题出现后，选择性曝光问题。同时也存在一些媒体和记者与个别企业共谋选择性曝光其他企业的现象。这都说明，在新时期，新闻媒体在食品安全的监管中所发挥的作用仍然存在一定的局限。

再次，公民食品安全关注度普遍较高，但公民参与依然不足。21世纪以来，由于食品安全事件频发以及公民追求更高生活品质等原因，公民对食品安全的关注普遍较高。而且随着公民社会的进一步发展，和公民意识的觉醒，社会大众的权利权益意识也普遍高涨。从近些年来的食品安全事件来看，"三鹿毒奶粉事件""地沟油事件"等都引起了社会普遍关注。不过，社会关注度的提高不代表公民参与水平的提升。而从一些调查结果来看，虽然公众对食品安全关注度很高，但由于参与能力和参与渠道等原因，公众参与食品安全监管的比率并不高。导致公众参与食品安全监管不便的原因有很多，渠道少、不知有何渠道、渠道不畅等是主要原因。在食品安全公众参与的问题上，政府与公众期望之间存在偏差。[②]

9.4.3 社会力量发展不足：社会力量参与食品安全治理的限定性

在市场经济发展的过程中，公民社会也发生了诸多适应性的变化。市场经济本身的自由性要求弱化政府强制性干预，同时激发人们对经济利益的追求，并产生了公民个体自主性追求的内在驱动力。从而对于瓦解政治社会，促进国家与社会的分离具有积极的作用。不仅如此，市场经济的发展也提供

---

① 万丽丽. 国内报纸媒体对于食品安全的报道研究[D]. 兰州大学, 2009.

② 汤金宝. 食品安全管制中公众参与现状的调查分析[J]. 江苏科技信息, 2011 (04)：29-30.

了个人自由活动的空间和自主性的社会资源。从这个角度来说，改革开放后，尤其是21世纪以来，我国公民社会的发育和发展有了较大的起色。

目前，市场经济的开放与发展带动了社会结构的变化，从原有的经济体制和结构中逐渐分离出一些新的社会群体，而这些社会群体的成长和壮大丰富了公民社会主体的多元化，各种社会组织和群体也随之出现、成长并发展。公民社会逐渐繁荣。比如，私营经济的发展催生了一大批个体户和私营企业主群体。这些群体与其他新兴职业如经纪人、股东、券商、演员、记者等共同构成了新的中产阶层。而新兴的中产阶层根据不同的地缘、趣缘、业缘等又形成了许多不同的社会团体和组织。据2007年民政事业发展统计公报统计数据显示，截止到2007年3月，民政部登记的民间组织总数已经达到353 139个，其中社会团体190 566个[①]。公民社会的力量迅速发展壮大，并形成了门类齐全、覆盖广泛的民间组织体系[②]。成为在政府和市场之外另一重要、独立的中间力量。

然而，社会力量壮大，社会活力充沛是公民社会最主要的外在量的特征。社会组织和个人的质量与素质才是公民社会发展的内在品质。由于传统社会习性和政治惯习，我国公民社会的发展具有区别于西方社会的特点。具体来说，具有自发性与人为性并存、民间性与官方性并存、自主性与依赖性并存、分离性与合作性并存的特征[③]。主要原因在于，我国公民社会的发育和发展是在改革开放潮流下进行的。而改革开放和社会发展又是在政府引导和规制下才得以顺利展开的，具有一定的人为性。而且，由于我国市场经济和公民社会的发育和发展脱胎于高度政治化的社会环境，社会力量的活动，尤其是公民参与往往具有"动员性"的被动传统。因此，公民社会的成长与发展具有一定的人为性和政治依赖性，也决定了公民社会的发展不可避免伴随着与国家和政府紧密联系的过程。缺乏应有的主动性和活力。

正是由于特殊的政治环境和社会条件，我国公民社会的发展虽然短时间内取得了突出的成绩，但也存在明显的先天不足。公民社会发展的被动性和依赖性导致其在社会政策制定、社会服务和社会管理中无法有效影响政府行为，并进而发挥应有的作用。查尔斯·泰勒指出，公民社会作为一个整体能够有效地决定或影响国家政策的进程时，我们才可称之为真正的公民社

---

① 陈玉林，马丽.中国公民社会的兴起与社会建设[J].前沿，2008（9）：125-128.

② 何增科.论改革完善我国社会管理体制的必要性和意义[J].毛泽东邓小平理论研究，2007（8）：52-60.

③ 董磊.当代中国市民社会发展探析[D].陕西师范大学硕士论文，2005：25.

会。①从上表9-2可以看出，食品安全监管的公众参与无论是在预期还是结果方面，都没有受到政府的有效重视。而公众的社会参与也受到诸多原因的限制，明显不足。这都说明我国公民社会的发展仍然存在一定的局限性。在社会组织契约性、独立性与公民意识觉醒、权利权益保护意识提升方面具有一定的滞后性。

总之，在食品安全监管领域，社会协同共治的各方力量之间还缺乏有效的互动机制，社会力量的主动性并没有得到有效的体现。尤其是新闻媒体和社会组织、个人等的参与仍然存在规范性和参与性不足的问题。而政府机构与公民社会的协作还存在期望与结果偏差、协作机制缺乏常态化、自下而上信息反馈渠道不畅以及自上而下反应性机制不顺等问题。

9.5 社会协同共治中的主体性

食品安全治理不仅仅是政府的责任，实际上还是嵌入公民社会之中的。理想的食品安全治理模式理应在将治理的技术嵌入在国家、市场和公民社会的某种良性互动关系之中。中国的食品安全治理模式由政府监管向社会协同共治的转型是治理模式在新形势下的制度整合和适应的过程。这一整合过程突出地表现在，将社会组织和社会成员的参与视为食品安全治理主体的重要组成部分，即，将公民社会作为治理模式的一个制度化方面增加到食品安全治理体系之中。而在食品安全的风险在当今社会具有易扩散和自我扩大化的现实背景下，将公民社会整合进来显然是食品安全治理模式的一个重大完善。

公民社会在国家政府的社会服务和社会管理中的重要性在许多方面都有所论述。葛兰西就曾指出"国家的一般概念中有应该属于公民社会概念的某些成分，在这个意义上可以说，国家=政治社会+公民社会……，当然，公民社会也是'国家'，并且不仅如此，公民社会恰好构成国家"②。这都说明公民社会力量参与食品安全治理具有坚实的理论基础。当然，公民社会本身是一个异化的个体所组成的社会，与市场的特性类似，它本身具有"自私、自利"、关注自我而忽视他者的特性。因此，公民社会不可能完全独立存在并发挥其作用，毋宁说，公民社会的运作还需要国家与政府的合理引导。正如马克思所说："实际需要、利己主义就是公民社会的原则：只要政治国家

---

① Charles Taylor, Invoking Civil Society, in: Philosophical Arguments, Cambridge, Mass, Harvard University Press, 1995, pp. 208.

② ［意］葛兰西. 狱中札记［M］. 北京：人民出版社，1983：221-222.

从公民社会内部彻底产生出来，这个原则就赤裸裸地显现出来。"①因此，公民社会参与食品安全监管既有必要性，也存在一定的限定性。也就是说，食品安全的社会协同共治必须合理限定多方主体的边界，并理顺相互之间的关系和职责。

社会协同共治的食品安全监管模式中，协同的主体主要有政府、市场和公民社会三种力量。根据政府、市场和公民社会的各自特征以及它们所能起到的作用，我们可以大致划定三者活动的合理边界，包括水平边界和垂直边界。

首先，政府在食品安全监管中的水平边界和垂直边界。政府食品安全监管的水平边界是指政府权力触角的广度。划定政府食品安全监管的水平边界即是要认识到在食品安全监管中，政府哪些该管，哪些不该管；哪些能管好，哪些靠政府管不好。从实践来看，在食品安全监管中，市场自由竞争和优胜劣汰这一领域政府是不应该插手的。自由竞争不仅可以形成合理的市场均衡机制，同时对于违法经营者，也能起到自发的淘汰机制。当然，市场并不是万能的，它的先天缺陷决定了政府在市场价格、市场规模、产品质量安全、市场秩序、违法追究等方面要发挥应有的调控作用。这是政府水平边界的责任限定。

在垂直边界方面，包括两个方面，即在垂直行政层级方面和监管程度与力度方面。在行政层级方面的边界限定，我国新的《食品安全法》已经做了类似的规定。即"食品安全施行分段管制的办法，地方有权根据自身情况制定符合地方实际的食品安全卫生标准，也有权制定相关的政策、条例。同时，地方政府可以自主成立和协调食品安全监管机构。"姑且不论分段管制法具有何种缺陷，可以说，分段管制的办法也是限定国家行政权力垂直边界的一个方面的表现。另一方面，在食品安全监管中，政府行政监督和执法应该保持合理的程度和力度。对市场管得过严、过死都不利于市场的自发调节。正所谓"过犹不及"，食品安全的政府监管的权力也应该适当的"关在笼子里"，从而保证市场的自主性。

其次，市场在食品安全监管中的水平边界与垂直边界。一般来说，市场在食品安全监管中主要发挥自律的作用。包括在行业协会的作用下调节相互之间的关系等。但市场本身具有竞争性和扩张性的特征，在自由竞争和扩张的过程中，其盲目性可能会冲破政府监管的边界，从而侵犯公民社会的权益，对个体公民，即消费者造成伤害。因此，合理限定自由市场的水平边界是必要的。具体表现在市场规模的扩张、市场价格的调控、产品的供需矛盾等。

---

① 马克思恩格斯全集（第3卷）[M].北京：人民出版社，2002：194.

市场的垂直边界主要是指市场作为食品安全的主要责任主体在食品的生产、加工、包装、运输、销售等一系列环节中应该具备的道德责任和法律意识。市场主体企业和经营者应该坚持合法经营，在国家制定的食品安全卫生标准范围内进行合理经营，从而保证食品质量和安全卫生水平。既保证市场的健康发展，同时也保障消费者的健康和安全。

再次，公民社会参与食品安全监管的水平边界与垂直边界。公民社会是食品安全危险的主要承担者。因此，参与食品安全监管不仅是对市场行为的监督、对政府监管的辅助，更是对自身权利权益的自我保护。在食品安全监管中，国家和市场都应该积极鼓励和引导公民社会力量的参与。不过，公民社会的活动也应该有所限定。

社会公共参与强调三个方面的关键问题：一是社会；二是公共；三是参与。其中，公共参与是事项范畴。社会参与的事项强调的是"事务的公共性"。如果某个事物属于公共事务，那么，社会力量就可以参与对该事物的观点表达、讨论、评价和协商活动中来。也只有这样，才能体现出公共事务的公共性[①]。食品安全作为公共事务之一，社会力量理应参与其中。

在食品安全的社会参与中，公民社会参与食品安全监管的水平边界，主要是指公民社会中的个体所能参与的广度。即民众社会能够在食品安全监管中发挥哪些作用。具体来说，公民社会在食品市场监督、违法经营举报、就食品安全监管向政府建言献策、政府行政执法履职监督等方面可以起到积极的作用，在这些方面，公民社会也应该积极参与其中。

而垂直方面则是指公民社会的社会组织和公民个人参与食品安全监管的程度，或者说限度。公民个人的力量毕竟是有限的，在食品安全监管中所能发挥的作用有限。因此，公民社会参与食品安全监管应该鼓励其集体化和组织化。即鼓励个体的公民消费者组成权利权益保护同盟以及公益性组织等，以此为载体，在市场监督、政府履职监督、影响政府决策、与市场进行权利权益保护和争取等方面发挥更大的作用。

当然，在实际的食品安全监管中，国家、市场和公民社会的责任边界并不是绝对的，也不是人为能够强制划定的。三者之间的责任边界和权力限定是在国家、市场和公民社会的长期博弈中，通过不断的整合和重构而逐渐形成的。而在这个过程中，国家、市场和公民社会三种力量的持续接触与沟通则可能加速边界的形成。最终形成食品安全社会协同共治的理想愿景。

虽然理想的食品安全社会协同共治模式的建构尚需时日，但我们仍然可

① 王锡锌.利益组织化、公众参与和个体全力保障[J].东方法学，2008（4）：24-44.

以通过理论假设来演绎出其理想模型，并勾勒出国家、市场和社会各自的角色与互动关系。具体可见图9-5所示：

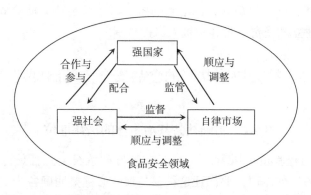

图9-5 社会协同共治模式中国家、市场和社会的互动关系图

与政府全能主义监管模式明显不同，新时期，公民社会的发展使得弱社会逐渐向强社会转变，从而扭转了社会相对于市场的弱势地位。这使得社会在与市场的互动与博弈中能够不再依附于市场，而是能够对市场起到监督的作用。公民社会的崛起将带动卖方市场向买方市场的转型，市场必须随时调整来迎合公民消费者的需要，从而顺应公民社会的监督，并进行相应的调整。这样，市场与公民社会的互动关系呈现出双向性。

国家与社会方面，公民社会的发展也导致国家开始重新审视与公民社会的关系，不再是简单的"求助—反应"关系，而是二者相互补充、相互合作，共同对市场进行监督和管理。

市场同时对公民社会和国家负责，强化了市场主体合法经营的危机感和责任感。这就要求市场在外部监督的同时加强自身的自律性。食品安全毕竟不是监管出来的，而是生产出来的。只有市场在合法经营和安全生产方面变被动为主动，才能为自己在与国家的博弈中赢得扶持和帮助，同时也在与公民社会的博弈中赢得认可和接受。

总之，食品安全问题涉及广大消费者的利益，与市场和政府也存在密切关系。因此，需要多元力量协同共治，才能起到有效的监管作用，形成国家、市场、社会多元、多层次的监管网络，使食品安全得到有效保障。具体来说，首先，政府应该以法律法规为依据，建立常态化的行政监管和惩罚机制，以"抓标杆示范，抓失信打击，提升中间企业群体的诚信水平"为思路，进一步加大企业和社会诚信体系建设。其次，实施"黑名单"制度，对列入"黑名单"的企业和经营者，在贷款融资、金融服务、建设用地等方面形成围追堵截之势，建立"守信受益、失信必损""一处失信、处处受制"

的联动奖惩机制。再次，企业之间应该建立起相互监督的机制，对违法经营者进行联合抵制，强化市场的优胜劣汰与自我监管。最后，应该保障社会力量包括媒体、社会组织和公民个人的监督权，鼓励和奖励检举违法食品经营的行为，建立和完善举报和举报人保护机制。

9.6 社会协同共治的食品安全监管制度建设

9.6.1 明确社会共治主体的法律地位

从日本的经验也可以看出，第三方参与食品安全监管是行政管理科学化与民主化的一种体现，要保证这种参与模式必须要明确各个主体的法律地位，赋予其法律权威，使之成为制度化参与的一项重要内容。因此，首先要制定相关法律法规，完善相关政策，保障第三方参与的合法性，规范第三方参与的程序性。我国与食品安全相关的法律当中，涉及社会性参与问题的很少，直到 2009 年《食品安全法》的出台将公民参与纳入法律体系中，"任何组织或个人有权举报食品生产经营中违反本法的行为，有权向有关部门了解食品安全信息，对食品安全进行监督。"但《食品安全法》中并未明确规定第三方参与的冲突处理机制，使得第三方监管在既接受政府委托又接受企业委托时有利益驱动的可能，而且食品安全法中也未明确赋予第三方监管实质的权利，导致检测结果不能作为行政处罚的法律依据。因此，为提高社会共治中第三方参与的效果，切实保障民众利益，提高食品安全性，必须在法律上予以明确的规定。提升第三方的合法地位，实现其参与的程序化。

首先，在法律制定方面明确划定第三方监管的对象范围，使第三方监管在业务构成出现冲突时，能有效回避，保证监管结果的客观公正性。其次，应在新的立法中明确第三方监管的实质权利，提高其诉讼主体地位，树立其代表民众维护食品安全的公益组织地位。最后，在一定程度上也要规避第三方监管带来的竞争垄断，建立有效的监管竞争机制，营造良好的竞争环境，切实保证民众的食品安全利益。加大人大的立法力度，从法律层面明确社会共治主体的参与地位，一方面可以更好地发挥其在食品安全监管中的地位，充分保障第三方参与食品安全监管的各项程序性权利。另一方面也可以实现资源的合理配置，有效避免恶性竞争，降低监管垄断风险。

---

① 廖海金. 保障食品安全需要社会协同共治 [N]. 中国医药报, 2013-06-17-003.

9.6.2　培育社会共治主体的参与能力

"公民社会的等级和政治意义上的等级是同一的，可以这样阐述，公民社会即为政治社会，因为某种意义上说，其有机原则可等同理解为国家原则，两者的等级同一就是公民社会和政治社会同一的表现。"所以，只有有效培育第三方能力，才能够真正实现第三方参与的食品安全社会共治监管体制的形成。

而如前所述，我国的公民社会发展不够成熟、社会组织发展滞后、公共精神缺乏等因素都阻碍了第三方参与。因此，要推进第三方参与的食品安全监管体制的建设，必须要培育公民社会，政府要从财力、物力、人力等多方面加强对第三方监管的培育和扶持，不断提升第三方监管与政府以及社会公众的互动能力。一方面，政府要降低对于第三方监管机构的行政审批门槛设置，强化行业独立性，并且要充分保障社会公众的知情权和监督权，对于曝光食品安全的社会媒体和公众要加大保护力度。另一方面，在专业技术人才的培养方面需要增加投入，切实提高监管人员的专业水平，还需要定期组织各类政府监管人员、检疫检验人员进行培训，培训内容可以涉及专业技能、相关法规、工作素质等多方面。除了人员素质的提高，在检测方法和设备设施方面也可以进行创新和引进，全方面提高监管能力，真正发挥政府监管和第三方监管协同保障食品安全的作用。

9.6.3　建立有效的应急响应机制

不确定性风险的客观存在决定了食品安全监管的有效性不仅需要科学的监管体制还需要构建相配套的应急处理机制。从目前情况来看，食品安全事故的频发不仅与体制有关，也与尚未建立应急处理机制有关。现在，一旦发生食品安全突发性事件，往往是监管部门的事后仓促应对，难以廓清食品安全的所有问题，为后续食品安全事故的频发埋下隐患。而这种事后应急处理方式已经很难控制原因日趋复杂的食品安全事故，更不能满足公众对政府处理此等事故的期望，因而，在革新后的食品安全监管新体制运行中必须要建立以"事前控制"为主的应急处理机制，其包括：（1）完善食品安全日常应急机制，加强日常风险管理。加强事前的预防管理包括预警管理、风险评估管理和多种防备能力建设。（2）食品安全突发性危机管理协调机制。危机管理的特殊性在于政府往往占有绝对地位，而经历了"三聚氰胺""地沟油"等重大食品安全事故后，逐步认识到第三方在处理公共管理危机中的功能优势，因而，建立政府、企业和第三方合作协调机制以实现功能互补、资源共享显得尤为重要。（3）食品安全应急响应和处置机制的建立。应急处理机制中应建立长期的有效的信息沟通机制，在食品安全应急事故发生时，才不至于出现相互推诿，而是多机构协调、调度、组织、联合开展活动，应对应急事件。

9.6.4 加强政府领导落实各主体责任或规避社会协同共治的风险

通过法律安排，确立第三方的食品安全管制模式，明确各个主体的分工。伴随着公民社会的不断发展，在食品安全监管中，社会性主体不应该再单纯的被动接受政府所提供的公共服务，而是要参与到监管过程中。食品安全监管过程往往是专业性很强、技术含量较高的研究性活动，除了扩大社会性食品安全监管之外，还应该逐步扩大其他专业性组织参与，提高管制效果。同时，要具体划分各自的职能权限，当前食品安全监管的职能安排是按照专业分工的不同而设置的，这种模式下往往会出现监管空白，那么实现第三方参与以弥补这些监管空白就必须要明确各自分工，尤其是对第三方的职能分工。因此，应当完善法律、法规，要明确各个主体的职能分工，同时加强各主体的协商交流。

首先，对于政府部门，应提高监管力度，更新执法手段。食品安全涉及的环节包括养殖、生产、加工、流通环节，多环节的执法检查对于执法人员的专业能力要求很高，所以要加强执法人员在专业知识、技术手段、法律知识等方面的学习培训。另外，在检测手段和设备方面也需要增加相应的投入，比如近年来国外的自由基检测技术、DNA检测等一系列新的检测手段。

其次，对于企业，强化企业主体责任，提高从业素质。在食品安全问题中要明确企业是第一责任人，企业在经营中需要讲诚信、讲责任，需要树立自己的诚信形象，这是最基本的行业道德准则。同时，除了企业本身要合法生产之外，相关从业人员的素质也应相应提高，加大从业人员的食品安全知识培训，保证所有食品安全从业人员都是"持证上岗"。

最后，对于公众，完善宣传教育，营造社会监督氛围。食品安全的参与主体中还有一部分不可忽视的就是民间力量，公众在食品安全中的参与程度高低也反映了我国食品安全的现状，所以要优化公众的求助反馈机制，设立独立的第三方检验检测机构，增加社会公信力。同时，还可以设立相应的鼓励机制促使公众发挥社会监督职责。最后，还需要加强对食品安全相关知识的宣传教育工作，提高民众的认知水平和监督能力。

9.6.5 借助信息化建设有效信息处理渠道

构建社会协同共治的食品安全机制就需要依赖于有效的信息沟通反馈，上一节我们已经知道政府、企业、社会公众都需要在食品安全中发挥各自的作用，那三者之间的信息互动就至关重要。在国家电子政务"十二五"发展规划（工信部规〔2011〕567号）文件中明确要求，"开展以云计算为基础的电子政务公共平台顶层设计，加快电子政务发展创新，为减少重复浪费、避免各自为政、信息孤岛创建技术系统"，"推动政务部门业务应用系统向云计算服务模式的电子政务公共平台迁移，提高基础资源利用率和应用服务成效"等具体要求。云计算和其他信息化技术可以为政府优化食品安全监管信息化处理提供有力支撑。

而且，在诸多信息化技术的应用中，最符合社会共治方向的便是食品安全追溯体系的建立，在食品安全追溯体系建设中涉及的主体包含了政府、生产企业、社会公众以及第三方机构。这里的第三方机构包含的类型很多，比如美团、饿了么等在线点餐机构，第三方检验检测机构，社会媒体等。这些机构在食品安全追溯中都能产生海量的、最新的食品安全活动数据，将这些第三方机构的有效的活动数据整合，就可以展开对食品安全风险的评估和预警。这种综合性的食品安全处理平台的建设需要由政府主导建设，整合政府各部门资源以及现有的执法监督系统，并配合相应的决策分析系统，这对于政府预测和解决食品安全问题提供了有效的决策支撑，也是未来食品安全发展的趋势。

第10章　讨论、结论与展望

俗话说："民以食为天，食以安为先"。食品安全问题首先关乎社会普罗大众的日常生活和生命健康，但这个问题的影响却不限于此。食品危机一旦处理不当，还不仅直接影响经济秩序——在经济全球化背景下食品安全已日益成为影响各国农业和食品工业竞争力的一个关键因素，也会影响到一个国家和地区的社会安全和政治稳定。这样便不难理解为什么人们后来在前述俗语的前面又加上一句："政以民为本"。因此，食品安全的重要性毋庸置疑是极其突出的。

在本章中，我们将扼要地总结本书研究的发现以及形成的主要观点和结论，并再次回到本书所提出的问题，即如何在政府主导的食品安全治理思路上探索另一条可能的治理路径。在我们看来，这条路径就是以社会组织的发育来促发一个能够对国家与市场加以制衡的公民社会，从而真正创造出社会协同共治的食品安全治理机制，以此推动我国食品安全治理体系的完善。由于国家和市场的力量一直都很强大，因此当下的关键是社会力量的发育和成长问题。可以说，作为公民社会的核心力量，由民众自发成立的社会组织是将他们自己从他人的照看中解放出来，寻求自我照看，并探索自己的生活方式。公民社会的发育与成长，对于我们当前的食品安全治理乃至一般的社会治理来说，不仅是必要的，而且也是可能的。我们在本章最后对此做了初步的展望。

10.1　进一步的讨论与结论

1784年9月30日，当时德国的一家报纸向康德提出了一个问题："什么是启蒙？"康德撰文对此做了回复，开篇便给出了启蒙的定义。出乎意料地是，康德并未选择从一个特定时代或某个特定的事件来界定启蒙，而是将其视为一种出路（Ausgang）、一个"走出"的过程。启蒙就是人从咎由自取的受监护状态走出。受监护状态就是没有他人的指导就不能使用自己的理智的状态。如果这种受监护状态的原因不在于缺乏理智，而在于缺乏无须他人指导而使用自己的理智和勇气，则它就是咎由自取的。[①]

因此在康德看来，作为启蒙的出路就是一个我们自己从自己加给自己的不成熟状态，从他人的指导或照看中解放出来的过程。在他看来，启蒙是一个现在进行时，而非已经完成了的事件，是一个人们不断运用自己的理性，将自己从他人的照看之中解放出来，自我照看的过程。因此，康德呼吁，"Sapereaude（要敢于认识）！" "即要用勇气去运用你自己的理智！"

只不过，世界历史的发展并不像康德所想象的那样乐观，也就是说并不是直线前进的。我们看到，在20世纪有各种形式的国家主义大行其道，包括纳粹主义、苏欧的政治体制以及晚近的福利国家，人们似乎已经越来越习惯于听命于科层机器的号令，习惯于咨询所谓的科学技术专家，依赖于他人来"指导"自己的日常生活。实际上，这一点也早已为康德所意识到。在他看来，懒惰和怯懦是大多数人选择把自己交给他人来照看的原因，因为与自己照顾自己的艰辛乃至危险相比，由他人来替自己来操心，是那么的安逸。因此，选择将自己的生活交付给他人来照看，何乐而不为？这些人甚至连尝试自己去为自己操心一下都不敢去尝试。以至于他们最终习惯了由他人来照看，习惯了听命于他人的安排。不过，康德同时指出：

但是，公众给自己启蒙，这更为可能；甚至，只要让公众有自由，这几乎是不可避免的。[②]

康德在这里所说的自由就是自由运用自己的理智。他将这一点视为是作为有理性的存在者的人的一项义务和神圣权利。当然，康德同时强调，这种自由并不是滥用的自由，而是要懂得自由的界限或领域在哪里。

今天我们再来看两百多年前的这篇短文，仍然感觉到自己是康德的同时代人。自20世纪70年代末以来，伴随着福利国家的弊病百出，以及20世纪80年代末期以来苏联东欧的社会主义体制转型，包括中国的社会经济体制改革，都是针对国家行政体制的既有思维和行为中所存在的一些弊端。不过，各国的改革虽然存在差异，有一个重要背景却是共同面对的，那就是在全球范围内，市场经济的大肆蔓延和风险社会的兴起。在国家的退出以及市场的推进这两股力量之下，出现的是社会本身的个体化进程，人们不仅逐渐从不同地域的限制中被抽离出来，进入了市场，成为片面地追求自身利益最大化的经济主体，而且也从各种阶层、民族和种族的认同中抽离出来，成为原子

[①] 康德. 回答这个问题：什么是启蒙？收入，康德著作全集（第8卷）[M]. 李秋零译，北京：中国人民大学出版社，2010：40.

[②] 康德. 回答这个问题：什么是启蒙？收入，康德著作全集（第8卷）[M]. 李秋零译，北京：中国人民大学出版社，2010：41.

化的个体。

在这种情势下，公民社会对作为个体化的社会、对原子化的个体又具有何种意涵和价值呢？正如有学者一针见血地指出的那样，在更大程度上，真正的公民社会是一个道德生活的领域———一种康德式的尊重、对话和公民性。这是身份和价值观不必诉诸排斥、武力恐吓和教条主义便能自发性地获得考察的一个途径。①事实上，人们在越来越脱离了国家的照看的情况下，被迫开始选择自己去反思自己的生活。发达国家在这方面的进程较之于我们要进行得更早一些，那里的人们已经开始选择组织起来，以日常生活中的那些切己的事务出发，以组织化的社会力量，从国家和市场那里争取自己的权益。由此，不仅推动了社会组织的大量出现，也导致了生活政治的兴起。实际上，生活政治与保卫社会是同一过程的两个方面。社会从国家与市场那里赢得的自主性，最终仍然需要落脚在一种具备自主与合作理念的社会秩序的建立上，而其政治形态则表现为生活政治的兴起。

在一定意义上，无论是生活政治还是公民社会的话语以及实践，都可以看作是重拾两百多年前康德为人们所提出的任务。不同的是，今天业已经历了20世纪各种战争、集中营、国家主义的人们已经完全没有了康德昔日的乐观。但是，我们与康德所面临的任务却是一样的，即启蒙自己，将自己从自我加诸自身的各种羁轭中解放出来，运用自己的理智，来自己照看自己。就此而言，价值理性、良好的社会公德和民众文化必然是公民社会的精神基础，借此才能使民众社会在个体化趋势渐显的主体那里获得广泛的社会心理认同。

本书的研究始于对当前中国食品安全治理现状的反思。近些年来，食品安全事故的频频发生，在某种程度上已经向我们表明，依靠市场的有序竞争，或者仅仅政府部门的监管，再或者借助于立法的跟进、先进技术的引进等等都不能有效地解决我国当前的食品安全治理所暴露出来的问题。在这种情况下，我们不能仅仅局限在旧式的思维，即仅仅被动地等待政府相关部门来替我们解决问题的境地，而是要去尝试探索食品安全治理的另一种可能性。推而广之，它或许也能够提供给我国综合性社会治理机制的另一种可能性。

在本书中，我们选择了日本生活协同组合这一个案，作为理解发达国家公民社会发展状况的切入点。这一方面是因为日本生协围绕着食品安全所做的各种努力，尤其是它所开展的社会运动和政治参与，在我们看来极好地

---

① 乌斯怀特，雷. 大转型的社会理论 [M]. 吕鹏等译. 北京：北京大学出版社，2011：191.

代表了发达国家公民社会的发展情况。尤其是在晚期现代性下，围绕着民众的日常生活问题，发达国家公民社会与国家、市场之间关系的重新厘定。另一方面则是因为，日本在传统上，与我们曾同属于一个文化圈，在制度上有着许多的近似性，而自近代以来，却脱亚入欧，尽管经历了许多波折，在20世纪60年代以后却又重新跻身于发达国家之列。但是，日本的制度和社会形态兼具有传统与现代这两方面因素的交错。因此通过分析日本社会的发展状况，对于理解我们自身的现实处境以及可能性有着更为现实的意义。

日本生协构成了日本公民社会的基本组织形态，是民众自发成立和自愿加入的组织，兼具合作组织和企业法人两种身份。其活动的主要法律依据是日本政府颁布的《消费生活协同组合法》。在这一法律框架之内，生协组织的活动覆盖了日本民众生活的各个方面。而日本民众通过参与生协组织，充分发挥自己的自主性，相互合作，共同改善和创造自己的生活方式。正如我们所强调的，生活者这个名称，体现了日本民众不仅仅只是想要充当一个被动地等待他人来照看和安排的消费者，而是要作为积极生活、主动参与的生活者。他们要去自主选择和改变自己的生活方式。在第二章里，我们对日本生协的历史沿革、发展现状、组织结构以及所从事的主要活动获得了一个梗概性的介绍。

我们从第三章开始，在聚焦于日本生协在食品安全方面所做的各种努力的同时，开始逐渐把这些活动放到更大的社会和政治背景之中来考察。日本生协组织在食品安全方面的努力包括，从食品原料的生产源头、生产线控制、食品的加工、储运以及销售等各个环节对食品供应链的各个环节加以把关；进行商品比较试验和信息发布工作；通过开展各类活动，对会员进行消费教育与消费指导工作；积极参与国际上关于食品安全的会议，学习、合作与交流经验。

在这些常规性的食品安全监管措施之外，日本生协还会组织各个生协以及会员参与促进食品安全的社会运动。在这方面，风云日本四十年之久的生活者运动便是其突出的体现。伴随着对食品安全问题关注的深入，日本生协所开展的生活者运动已经从日常生活方面，从与市场的对抗上，转向了政治参与，这尤其表现在我们所着重介绍的直接请愿活动、政治代理人运动和生活者网络的兴起等方面。我们看到，日本生协围绕民众在日常生活中所遇到的食品安全问题，不仅组织日本民众积极合作，抵制市场中的不正当竞争。而且，日本生协还积极引导民众探索新的生活习惯和生活观念，力求锻造出一种新的生活秩序。由此，日本生协在食品安全方面的努力推动了日本政治的生活化，或者说生活政治的兴起。

在第四章中，我们通过将日本生协置于日本公民社会的发展这一背景之下，进一步对生协组织在促进日本公民社会发展方面所做的贡献做了评价。从历史上来看，首先，日本生协折射了日本民众社会百年来的历史发展进程。日本生协组织与日本现代化进程起步于同一时间，早在明治维新时期便已经开始出现。它的第一次发展则是在"大正民主"的氛围之下。不过，伴随着日本军国主义的兴起，日本生协运动遭到了毁灭性的打击，社会完全丧失了自主性。战后，针对市场上存在着的物资短缺所导致的恶意炒作，日本生协组织再次发展起来。日本生协真正的发展契机则是20世纪60年代。从最初抵制市场上的劣质加工奶，发起共同购买运动，到肥皂运动、垃圾减量运动、再生利用运动等，日本生协组织在与市场的对抗中，通过扎根于日本民众的日常生活，得到了民众的支持和积极参与，并推进了日本食品加工行业的行业自律和市场的规范化。伴随着社会活动的深入以及影响力的提升，日本生协开始将其活动延伸到政治领域，通过直接请愿、选举政治代理人和生活者网络等手段来表达其利益诉求，影响政治，成为日本社会不可忽视的一股政治力量。生协发展的历史所折射的正是日本公民社会的发展历史，体现的正是日本公民社会，通过与国家、市场打交道来界定自身，逐渐赢得自主发展空间和相对独立性的历史过程。此外，日本生协的组织运作方式，还成功地将日本传统的共同体传统，转变为现代社会的进步因素。

从现实角度来看，日本民众通过参与生协组织，发挥自主与合作精神，在资本或市场与政府之外寻找到了自我照看与自我治理的方式。日本生协还有意识地推动日本民众变革生活方式和生活观念，塑造一种新的生活秩序。而它的组织结构以及所开展的一系列组织活动，不仅在会员中建立了某种社会认同，而且还促使日本民众在生协中实践着民主管理、民主经营和民主监督，不断把自己锻造成民主社会的公民，使民众真正实现了向公民的转变。

在第五章和第六章，我们将视线转向了中国的食品安全治理，来理解我国食品安全治理进入21世纪出现的新趋势。近些年以来，我国的食品安全危机日益成为重要的生产和社会问题。为此，国家加强了全能主义的政府监管，并于2009年2月28日，颁布《中华人民共和国食品安全法》，2015年4月24日进行修订。全能主义模式路径清晰、效率高，便于统一指挥，形成合力，应对食品安全风险。近10年来，值得注意的是，中国社会力量随着经济增长以及社会治理的深入开展。尤其是在食品安全方面，率先从乡村开始，农民合作社积极参与食品安全治理模式，从内生性层面极大缓解农村食品安全危机，同时也在乡村振兴的大背景下积极促进乡村社会活力重生和乡村公共性重建。与此同时，强调城市中产阶层消费者与农民生产者直接对接，互动，沟通的"社区支持农业"的食品安全治理模式，出现了高校学者领办的"巢状市场"，企业精英开办的食品安全社会企业，体制内人员创立的食品安全公益组织等多元治理主体，充分体现在食品安全风险面前的社会自觉性和主体性，同时加强城乡交流，城乡连续体逐渐壮大，最后形成多元主体社会协同治理的食品安全治理模式。

以上中日食品安全治理新趋势表明技术完全论的局限，往深层次分析不难发现，"技术万全论"事实上是做出了这样一个假定：一个良好治理的社会就是一个各种治理技术都相对完备的社会。这种思维方式往往促使人们去关注技术手段本身的重要性，而使人们无法看到，各种制度与技术的运作并不是自发的、完美无缺的。治理包括食品安全在内的经济社会问题，技术和制度不可谓不重要，但有效的治理技术是依托于社会各利益主体相互之间的互动和制衡关系，以及制度和技术所嵌入于其中的社会结构。

本书研究表明，日本食品安全治理的成功经验主要不在于政府机构设置的科学合理，监管力度上的严厉，立法手段的先进，或者检验评估技术的先进。一言以蔽之，日本治理食品安全的成功之源并不片面地在于强国家对一个自由市场所做出的合法干预和监管手段，以及市场面对国家制度和干预所做出的适应和调整。这种成功经验的真谛在于，日本社会中广泛存在的生协组织促成了一个强社会的形成，社会对国家在食品安全治理领域的治理手段的形塑，对自由市场的积极对抗和钳制，才造就了日本食品安全的成功治理经验。而日本这种类型的公民社会之所以能够成功，不仅仅是因为其对国家的食品安全治理模式起到了很大的形塑作用，在很大程度上也还源于国家的积极配合。中国在社区支持农业等方面受到日本生协影响的基础上，依据城乡二元结构的基本国情，强调沟通城乡交流的社区支持农业模式兴起，逐渐构成政府、高校、媒体、企业精英、小农、农民合作社等主体共同协商共治的食品安全治理模式。因此，本书据此认为，食品安全治理问题的关键就在于在国家、市场与社会之间形成某种有效的沟通与制衡关系，从而创造出国家、市场与社会有效互动的社会协同共治模式，而不是仅仅依靠仰仗治理的技术，或完善法律、技术和制度等等。国家、市场与社会的这种三角关系，我们可以用图10-1的形式表达出来。总之，鼓励并营造社会自身的发育和成长的良好环境和氛围，通过民众自身和社会组织的积极参与来完善食品安全治理的构架体系，恰恰正是日本食品安全治理的成功经验之所在。

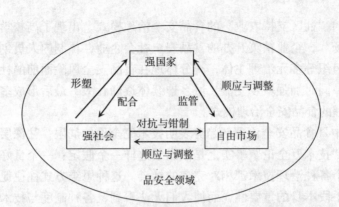

图10-1 日本食品安全治理中的国家、市场与社会关系示意图

面对强国家和力量同样强大的自由市场，日本生协组织所代表的实际上是日本民众社会面对市场与国家两股力量所开展的自我组织与自我保护。它以与普通民众息息相关的日常生活问题，尤其是食品安全问题为契机，将被市场机制原子化了的、等待国家来照看的日本民众组织起来，并实施自我治理，从而推动了日本民众在生活方式和生活观念等方面的系列变革。

就日本生协与政府的关系来说，在生协组织的推动下，日本生协既在某些问题上向政府施加压力，推动政府对市场加以规范，又充当着政府与民众个体之间的中介者。这一方面减轻了政府的许多社会服务任务，避免了政府与民众个体之间可能出现的对抗关系、与此同时，在食品安全治理上，它又能够充当政府与个体之间的沟通者和中介者，向上有组织地集中反映和表达民众的利益诉求，向下又及时地传达政府的政策制度安排。事实上，日本生协组织的发展本身就说明了日本政府积极寻求与民众之间沟通的努力。我们也一再指出，日本生协及其所开展的活动究其本质而言代表的是日本中产阶级的利益，以温和的改良为特色，具有很强的保守性，它关心的是与民众日常生活密切相关的民生问题，而并没有动机也不意愿去触动日本深层次的政治和经济问题。因此，日本生协组织是有利于社会稳定和社会和谐发展的。

就日本生协与市场的关系来说，两者之间既存在着对抗关系，亦有合作的空间和机会。日本生协围绕着食品安全问题所开展的一系列抵制市场不公平竞争的行为，包括消费教育和消费指导，以及抵制购买运动等等，一方面打击了市场上的不法厂商，另一方面也弥补了市场制度本身所存在的信息不对称等问题，促进了市场的良性竞争，带动了整个食品行业的自律。同时我们也不难发现，市场本身的发展尤其是市场的全球化趋势和特征，也给公民社会走出民族国家的藩篱，获得更大的自主发展空间和机会提供了契机。

市场经济的发展不仅仅通过促进社会分工而为人们提供了选择职业的自

由，而且也促进了人们生产与消费的自由，而这显然为人们在食品消费的选择上的独立自主提供了更大的空间。更为根本的是，市场经济的契约精神与公民社会的团结精神具有内在的亲和性，这一耦合性关系决定了两者具备良性互动的可能性。在以市场经济为基础的一切社会交往中，经济交往是其他交往的基础并决定着其他交往活动，而在经济交往中，契约原则是一切原则中的基本原则，契约关系是一切交往关系中的基本关系。由此来看，在市场社会中契约关系和契约原则就具有了普遍性的意义。市场本身并不会把人们联结起来，使这一点成为可能的是人们在相互承认和自主交往基础上建立起来的契约关系。所以从这个意义上而言，契约关系虽然是理解市场的关键所在，但它同样是民众社会中人与人交往关系的典型形态，因此是理解民众社会的关键。[①]也就是说，契约精神和契约关系既推动了市场的发展，同时也促进了以社会组织为主要载体的公民社会的发育。

总之，正是在日本生协的推动之下，在食品安全治理问题上，日本的国家、市场与社会之间达到了某种良性的制衡关系，并借此避免了市场本身的恶性竞争、政府的自由放任或者监管不力所可能带来的食品安全治理危机。在我们看来，这恰恰是日本食品安全治理的成功经验之所在。因为，正是这种制衡关系本身给予了各种的制度运作以一种内在的支撑，从而使得日本的食品安全治理表现出一种能动性或者说活力。

而尽管21世纪以来萌生的社会协同共治的新模式似乎在某些方面与日本经验有些契合之处，因为这种模式开始重视社会力量在食品安全治理问题上的重要性，但也有必要再次强调国家、市场与社会之间的良性互动和相互制衡关系。这种强调在一定程度上是要求我们，需要警惕公民社会的限度和潜在的危险，因为我们在本项研究中虽然侧重于强调公民社会作为食品安全治理的制度化力量的重要性——恰恰因为这种制度化力量在许多国家和地区是相当脆弱的，但并没有预设一个不受限制和约束的公民社会。很早便有一些思想家看到了这一点。比如，黑格尔虽然赞扬公民社会的成就，但同时也对其可能的后果忧心忡忡，因此他同时也竭力表明，放任自流的民众社会会产生一系列的危害，他还认为公民社会有可能会导致一种非人格化的文化。[②]

---

① 王新生. 现代公共领域: 市民社会的次生性层级 [J]. 教学与研究, 2007 (5).

② 库尔铂. 纯粹现代性批判 [M]. 藏佩洪译, 北京: 商务印书馆, 2004: 65.

10.2 展望

市场经济的普及使社会分工日趋明晰，百姓衣食住行，无不与企业打交道。企业提供的食品服务是消费环境中最基础的组成因素，一旦发生安全事故或者隐患，就可能引发社会公众健康危机、社会信任危机等一连串不良社会后果，如前文所列举的奶粉事件。十六届六中全会指出："加强社会管理，维护社会稳定，是构建社会主义和谐社会的必然要求，必须创新社会管理体制，整合社会管理资源，提高社会管理水平，健全党委领导、政府负责、社会协同、公众参与的社会管理格局，在服务中实施管理，在管理中体现服务。"[①]在这种情况下，在政府的支持（这主要体现在法律制度框架的制定上）、民众的积极参与下，探求中国特色公民社会就非常必要，对于探求社会管理的新格局意义重大。

自中华人民共和国成立以来一直到改革开放之前，我们国家推行的是计划经济体制。城市社会为大大小小的行政"单位"所覆盖。农村居民亦为各种人民公社所组织安排。在这一体制之下，一切事务，无论大小，都为国家行政体制所包办，无论是社会，还是经济，都为国家的指令计划所指挥，无论是公民社会，还是市场都没有自主发展的可能性。关于这一体制的功过我们在此无须过多赘言。不过，我们不得不看到的是，长期以来，我们已经习惯了将自己的大事小事交由国家料理，我们已经无法想象抛开了国家，抛开了单位或生产大队之外，单单依靠我们每个人自己，如何能够合作并自主的照看自己。"有事找组织"这句口头禅反映的正是这一事实。

自20世纪70年代末以来，中国开始推进经济政治体制的改革。中国改革有两个主要特色，其一是政治制度保持了高度的稳定性，即所谓的渐进式改革。因此，许多计划经济体制之下的法律和制度安排，尤其是行政思维方式依然延续到今天。其二则是在原本的计划经济体制外逐渐再造出一个市场。自20世纪80年代末90年代初以来，我国开始从计划经济体制逐渐向市场经济体制转轨。改革的重点即在于建立一个完备的市场经济体制，将原本由国家操办的经济放手交由市场的价值规律来决定。不同于西方国家市场的发育，中国市场经济的建立中，国家依然扮演着一个举足轻重的角色。这正是中国社会主义市场经济的特色所在。换句话说，改革并不等于政府的自由放任，

---

① 中国共产党第十六届中央委员会第六次全体会议公报［OL］. http://politics. people. com. cn/GB/1026/4907283. html

完全退出一切领域。但是无论如何，市场被培育起来并迅速扩大了自身的力量。

在政府力量与市场力量的双重推动之下，中国的社会结构也发生了巨大的变迁。尤其是20世纪90年代以来，伴随着全球市场化浪潮的席卷，中国更是加快了经济和社会生活的转型速度。农村的公社组织早在改革开放之初，便开始迅速瓦解。农村居民再次恢复到一家一户的小农经济。伴随着市场经济的建立，越来越多的农民开始选择流动到城市的劳动力市场，形成了规模庞大的农民工群体。因为其户籍制度、城乡二元结构等因素的存在，我国至今仍然没有给农民工提供与城市居民的平等待遇。他们挣扎或摇摆于城市与农村两个世界之间。农民工的称呼本身就代表了他们有工人之实，却并不拥有工人一样的身份和社会保障。而城市行政事业单位体制的改革，则将越来越多的人从单位组织的照看中抛到了体制之外，抛到了新生的市场中。在种种因素的作用之下，城市居民也分化为企业白领或管理人员、事业单位行政人员、普通工人以及城市贫困阶层。因此，我们可以看到的是，伴随着市场经济的推进，我国越来越多的人成为一个个的原子化个体，也都主动或被动地在日常生活的各个方面不得不与市场打交道。

如果说在计划经济体制之下，每个个体尚还能够依靠国家所建立和掌控的各种组织的代办，依靠他人的照看，而免于自己独立去操心那些与自己切身利益相关的问题的话，那么在今天，当越来越多的人失去这一襁褓之时，他们如何在这个急剧变迁的社会中维护自己的利益，规划自己的生活就越来越成为一个问题。正如埃利亚斯所指出的："这种导致了个人的高度个体化的社会发展，给单个人开启了某种途径，使他们获得特定形式的满足和成就感，或者相反，造成他们特定形式的不满意和一事无成；让他们获得特定的机会，能带来快乐、幸福、惬意、欢娱的机会，以及相反，遭受创痛、不幸、烦恼和不快的机会——凡此种种都无不具有特定社会的特征。"[①]

被行政体制所淘汰掉的下岗人员已经渐渐淡出我们的视线，我们在今天看到的是，农民工面对强势的资方所表现出来的软弱无力，普通民众面对市场上的种种不规范行为所表现出的无可奈何。就近些年来所发生的重大食品安全事故来说，我们会发现，它们基本上都是早已出现问题，也都为民众所发现，但是由于缺乏足够的组织力量去表达和维护自己的利益，市场上不规范行为的主体才得以有恃无恐。这在一定程度上是因为政府与民众之间缺乏有效的中介组织作为沟通的桥梁。

---

① 埃利亚斯. 个体的社会 [M]. 翟三江, 陆兴华译. 南京: 译林出版社, 2003: 150.

在现代市场经济条件下，政府应该如何定位呢？与早期自由主义经济学家的观点不同，人们开始逐步意识到，并非"管的最少的政府，就是最好的政府"。有效的食品安全监管机制需要社会自组织与政府"看得见的手"的有机结合。具体而言，在市场经济运行当中，政府应该充分发挥约束企业的非理性行为、限制企业的垄断、严惩食品中毒事件等方面的作用。也就是说，政府在食品安全中必须确定自己的角色、发挥自己的作用。只有这样，才能保证食品安全监管体系的健康发展。

在某种意义而言，食品安全的治理也属于更广泛的社会管理和社会建设的范畴。而对于社会管理和社会建设来说，正如郑杭生所指出的："发展民间组织是社会建设和社会管理的应有之义，建构协调社会利益关系的长效机制是社会建设和社会管理的重中之重，必须大力推进社会建设和社会管理的创新。……社会治理的核心之点，在于由国家力量和社会力量，公共部门和私人部门，政府、社会组织和公民，共同来治理一个社会。"①食品安全作为社会管理和社会建设的特殊范畴，不仅仅涉及政府和社会组织这两个主体，还囊括了市场或者说企业的主体，因此，食品安全治理要比一般的社会治理问题更为复杂。

如果说中国食品安全的发展与政府的引导和监督互为条件、互相依托的话，那么，建立中国企业食品生产行为的约束和监督机制则成为中国一种强烈的现实需求。由于企业承担责任的根本动因在于企业与社会的联系，而政府担当着社会公众利益代表和社会公共管理机构的角色，因此建立企业食品生产行为的约束和监督机制的基本要旨在于，有必要通过建立企业、社会和政府三者之间有效沟通和互动关系来推动企业的社会责任建设。建立企业约束和监督机制的基础环节和基础层次在于政府，表现在政府从维护公共利益和保证社会良性运转的需要出发，以社会公众利益代表和社会公共管理者的身份，以国家立法的形式和行使政府权力的形式，建立规范的企业行为的法律和法规约束体系并强化执法力度。这一层次的约束是形成有效食品安全监督体系的基本前提和保证，也是形成企业自我监督机制的基础和依据。政府本身的性质决定了，其必须充当社会公众的监护人和协调企业利益与社会利益的仲裁人，以行政干预为手段，引导并监督企业履行责任的程度和方向，纠正或惩处企业的违规违法现象。

在涉及企业生产的食品侵害公众身体健康的案件中，应通过司法裁判为有效食品安全监管体系的实现创造出一个公正高效的司法环境。司法监督之

---

① 郑杭生.社会学视野中的社会建设与社会管理[J].中国人民大学学报，2006(2).

所以重要，是因为在现实的维权过程中，绝大多数的食品受害者通常是因为自己的利益受到损害才主动进行维权。这就使得此类维权只能维护个体受害者的利益。司法监督维护的则是社会整体利益，而食品安全事件一旦发生的行为，一般会侵犯众多不特定人群的利益。在此背景下，为强化企业行为的司法监督，就应该设置公益诉讼程序，超越诉讼主体必须存在直接利益相关者的限制，让那些制造食品危害又未曾得到追究的不良企业置于恢恢法网之下，让法律对社会公共利益的保护进入新的境界。

和谐社会必然是社会结构合理的社会，而结构合理的社会又必然是社会组织健全，政府、社会组织、企业三大主体均衡协调发展的社会。社会组织在人们生活和社会发展中的地位越来越重要，特别是能够在不同的社会主体之间发挥利益协调作用。在推动企业履行社会责任的过程中，可以充分发挥包括工会、行业协会、消费者协会、各种媒体组织等在内的社会组织的监督、协调和补充作用。日本经验表明，日本的食品安全与其公民社会发展存在高度密切的关系。而中国则面临公民社会发展不足，更缺乏各种监督和规制企业的社会运动。培育和建立各类社会组织，充分发挥既有的社会组织在食品安全治理上的监管作用，其意义就显得尤为突出。

为公众提供安全的食品服务是食品生产企业和经销商最基本的义务。企业对公众的消费安全责任已经成为新时期企业商业道德建设的核心标准。中国的消费者协会作为维护消费者权益的组织，在保障食品安全、促进民众社会发展方面应该发挥更大的作用。中国消费者协会将2006年主题确定为"消费与环境"，旨在创建一个良好和谐的消费环境。构建一个安全的食品消费环境，是实现政府、企业和公众三者共赢的基础和必备条件。获得质量可靠、安全有保障的食品是消费者的基本权利。消费者协会应该发挥及时的监督工作，敦促企业及时消除食品使用过程中暴露出的质量缺陷和安全隐患，也应要求并帮助企业设立确认产品质量的便捷途径和程序，以进一步降低食品不安全发生的概率和风险。

强调社会自组织的力量同样非常重要，尤其是在中国经济高速增长，市场经济深入发展的时期。而这种场景并非无端猜想。有学者便以大量的第一手真实素材和实例，揭示了美国食品安全实际上是漠视食品安全、谋求经济利益的触目惊心的实情，揭露了美国食品企业如何运用政治手段影响政府官员、科学家、食品和营养专业人士，以使他们做出符合公司利益的政策和决定，揭示了政府机构如何支持商业利益凌驾于消费者利益之上的内幕。①

---

① 内斯特尔. 食品安全: 令人震惊的食品行业真相[M]. 程池等译, 北京: 社会科学文献出版社, 2004.

因此，在国家和市场同时失灵、科学家和技术专家"背叛"了民众和消费者时，后者唯有依靠自己的组织力量来解决问题。

今天，中国民众在自己的日常生活中，所面临的现实问题之一就是如何在脱离了各种组织的照看之下，去自主的选择和安排自己的生活，同时又如何在利益受损的情况下将自己的利益诉求表达出来，并有合法途径去实现自己的利益。从根本上来说，今天的中国民众面临的是如何去自我照看与自我治理，而不是仍然延续过去的思维，被动地等待或乞求他人来救助自己，来代替自己做出选择。尽管社会力量的兴起和强大需要特定的历史和制度条件，但应该看到的是，"芸芸众生并不臣属于历史法则和物质必然性，他们为掌控这些仍影响其集体生活、特别是全国生活的种种变化而战，进而通过他们的文化创造和社会斗争来建立他们自己的历史。"[1]

一个在国家与市场之外的由民众自发组织的空间，即公民社会的建立在今天的中国显得格外迫切。在沈原先生看来，今天的中国已经迎来了一个新的历史阶段，继市场的生产之后，我们面临着一个更为长期和艰巨的任务，那就是"社会的生产"。他曾经入木三分地指出："社会不仅要生产和界定自身，而且还要重新界定与其他两个相关领域即国家和市场的关系。"[2]

之所以说"社会的生产"这个任务更为艰巨，更为长期和复杂，原因就在于，社会不仅要从国家那里争取其自主存在的空间，而且还要与市场进行抗争，在这两股力量之中建立自己的自主性空间和某种相对独立的秩序。但从某种角度来看，公民社会的发育对处于转型期的当前中国社会而言，不仅很有必要，而且也有可能。我们下面从三个方面来论述我国公民社会的发育的必要性和可能性。

首先，在我国市场经济不断推进的今天，以及经济全球化的浪潮之下，市场的疆域也越来越超出民族国家的界限。许多食品安全事故已经超出了国家的界限，如疯牛病问题。面对流动的资本，或者跨越国界的许多经济行为，政府的行为因为仍然局限于民族国家框架之内而显得有些力不从心。在这种情况下，一个公民社会的生长和发育就显得格外重要。给予民众自己组织起来抗争与市场上的不规范行为的机会，更能够有效地遏制一个无法实现自律的自由市场。而正如我们之前所强调的，这本身也有利于促进市场自身的规范化和自律。

之所以说在今天一个公民社会是可能的，还因为市场跨越国界的发展

---

① 杜汉. 行动者的归来[M]. 舒诗伟，许甘霖，蔡宜刚译. 台北：麦田出版社，2002：78.

② 沈原. 走向公民权. 市场、阶级与社会[M]. 北京：社会科学文献出版社，2007：326.

从另一个方面给社会力量提供了延伸到民族国家之外、争取自己的发展空间的可能性。面对国际化的统一大市场，通过与国际组织或其他国家和地区的社会组织的交流，以及合作开展联合行动，公民社会能够获得更大的发展空间，也能够给予跨越疆界的市场行为以有效的制约。正如我们所看到的，在毒饺子事件中，当中日政府尚还通过各种外交途径进行磋商，委派联合调查小组进行调查之时，日本生协联就能够绕开政府的限制，远渡重洋，对中国的食品加工企业进行突击检查。在这里，体现出来的正是社会组织在涉及跨国经济事件时，其行为本身的灵活性和相对自主性。总之，伴随着中国市场经济的推进和市场的全球化，公民社会越来越凸显出来发展的必要性和重要性。

其次，伴随着民众对日常生活质量尤其是食品安全问题日益高涨的关注度，社会组织的发展在基本生活需求的驱动下，也变得更有必要和可能。正如我们所指出的，受过去计划经济体制下国家操办一切这种思维的限制，我国政府对社会组织一向心存忌讳，因而一切组织要经营运作，不得不或必须作为党团组织或政府体制的一个环节而存在，并从国家那里获得其合法性的授权。这导致我国虽然存在一些社会组织，但形同质异，实际上只是依附于国家，并不能对国家的执法行为构成监督和敦促作用，也很难全面而切实地代表和维护民众利益。加之我国政府这几十年来一直将经济发展作为首要任务，无形之中将民众的生活问题或民生问题次要化——当然最近一些年中央开始高度关注民生问题的重要性并做出了诸多努力，也取得了一些成效。就食品安全问题来说，我国政府的立法、机构改革、技术手段的发展都处于滞后状态，往往只有在突发重大食品安全事故时，才被动地去予以改革。在这种情况下，提供一定的法律框架，尤其是允许某些自发的社会组织的成立，将普通的日常生活问题交由民众自己去解决就显得格外必要。这样的社会组织因其由关注自身生活的普通社会成员构成而贴近民众的日常生活，能够更为及时地发现食品领域存在的问题。

同时，当前中国社会组织的发育必须依靠政府提供一定的支持。十六届六中全会指出，要"健全党委领导、政府负责、社会协同、公众参与的社会管理格局"，①这应该成为我们探索中国特色的公民社会的依据。这也就是说，当前中国公民社会公民社会组织的发育，一方面要寻求党和政府的支持，在政府的相关法律法规下活动，另一方面则要寻求广大民众的积极参

---

① 中国政府网. 中国共产党十六届中央委员会第六次全体会议公报［EB/OL］.（2006-10-11）［2006-10-11］. http://www.gov.cn/jrzg/2006-10/11/content_410302.html.

与。而在我们看来，食品安全问题恰恰提供了这样一个契机。食品安全实质上是一个特殊的社会管理和社会建设领域。李培林先生指出："搞社会建设，要充分发挥社会力量在民生建设、公共服务和社会管理中的作用。有些社会事务，是政府管不了也管不好的，是市场不管或管了也会扭曲公益方向的，就需要更多发挥社会力量的作用。但市场有个发育的过程，社会也要有个发育的过程。我们在提供公共服务和社会管理方面，除了要更多地依靠社会力量，也还要强调政府的主体作用和市场的社会责任。"[①]这个精辟的观点虽然是针对广义上的社会管理而言的，但显然对食品安全治理显然也是同样适用的。

在一个后革命时代，中国的民众逐渐开始把个人经济条件的改善、个人物质和精神生活的提高作为其日常生活中的核心关注点。这与晚近的国际形势是一致的。在厌倦了各种革命叙事、政治革命之后，当今世界各国的政治正在生活化。这就是我们在第三章中所考察的生活政治，它着眼的是与民众日常生活息息相关的一些问题，如环境污染、生活质量以及我们在这里考察的食品安全问题。即便围绕着这些问题，人们组织起来甚至采取社会行动，这些行动往往也是以建设性为主，以温和的抗议为特色，并不会去触及深层次的政治体制问题。正如我们所考察的日本生协联，它本身代表的就是日本社会的普通民众尤其是中产阶级的利益诉求，以保守性见长，并不会与政府发生激烈的对抗，也不会影响到社会稳定。日本生协联实际上代表了这样一种生产公民社会的重要途径，即，围绕日常生活开展有组织的、具有特定生活方式指向和文化意涵的行动。

因此，在我们看来，允许民众以他们所关心的生活问题，尤其是像食品安全这种百姓们每日都在与之打交道的问题为契机，自我组织起来，自我管理自己的日常生活，既能够减轻政府的社会服务负担，也能够更有效地处理那些民众的问题。简言之，食品安全问题提供了一个当下民众积极参与并形成自组织的契机。

换一个角度来说，在涉及食品安全这样的日常生活问题时，组织化的力量本身未必就比个人的行动更激进。反观当下的一些现实发生的事件即可发现，当个人缺乏表达利益诉求的渠道时，为了维护和争取自身的合法正当权利，往往不得不通过一些非常激进的手段，通过反社会和反政府行为来引起社会和政府相关部门的关注。这个时候，其破坏性及对社会稳定的影响反而会更大。相反，像日本生协这样的组织能够及时表达民众关心的问题，及时

---

① 李培林. 转型背景下的社会体制变革 [J]. 求是, 2013 (15).

采取合法的规范化手段加以解决，实际上有利于及时释放个体的不满，有利于社会稳定。不同利益群体都有机会通过正当化和合法化的渠道来表达和维护其自身利益，这也正是构建社会主义和谐社会的题中之义。

再者，在食品安全治理上，我们也迫切需要一个公民社会来对市场与国家构成监督，并发展三者之间的良性互动和制衡关系。我们一直在强调，我国的食品安全治理已经不能单单依靠市场竞争本身来解决，而我国政府当前食品安全治理状况也并不理想。在这种情况下，公民社会作为食品安全治理的一个制度化方面增加到当前的治理体系中去，就显得非常必要。

自20世纪90年代中期以来，伴随着我国市场经济体制和政治体制改革的深入，我国的社会矛盾也逐渐蓄积，并在这些年来慢慢凸显出来。在这种情况下，一个公民社会的存在恰恰可以作为个人与国家之间的缓冲地带。在食品安全治理问题上，当前我国政府监管不力的原因之一便在于政府在执法中所存在的缺位和越位现象，而这都因为缺乏民众有效地监督，使权力的运作缺乏尺度。而政府权力运作不当最终损害的不仅仅是政府在民众心目中的公信力，更是损害了民众的利益，甚至在民众与政府之间产生矛盾和冲突。在这种情况下，某些中间的社会组织的存在就显得越发紧迫和必要。

在另一方面，社会也能减少个人与国家的直接冲突，使国家的政策制定和政策实施保持一定的自主性，而不是为大众意见所左右。如果国家距离民众个体生活太远，无法切实有效地治理个体，会影响到民众与国家的关系。反过来，如果国家事事为民众的日常生活而操心，一味地听取民众的意见，也不利于国家政策的制定和实施。因为国家作为社会上各利益群体和组织的协调者，必须具有相对的自主性。在这种情况下，社会组织的存在可以在一定程度上缓和国家与个人之间的直接冲突。此外，社会组织作为中介可以在国家与民众之间保持着持久的制度化沟通。一方面，社会组织较之于国家能够更贴近民众的生活，另一方面，社会组织又可以将国家的相关政策贯彻到社会成员那里。在当前中国政府谋求进一步改革、寻求社会管理新格局的背景下，社会组织的发育相当必要。然而，社会组织要能够真正有效治理食品安全问题的一股制度化力量，实际上并不容易，绝非一蹴而就的事情。这不仅需要克服集体行动的困境，也需要更多复杂而系统的顶层设计。

正如我们在比较中日食品安全治理经验时指出的，日本食品安全治理的成功的关键并不在于一两项法律技术的先进、政府机构设置的完善、检测技术的先进或者市场从业人员的素质有多么高，而是在于在市场、国家与社会这三者之间形成了一种良性的制衡关系，成为食品安全治理内在的推动力。这应该是我们未来食品安全治理，乃至一般治理所应该着眼的目标。正如我们一再强调的，我们并不是主张政府在社会组织的发育上无所作为，恰恰相反，中国公民社会的发育，没有政府的支持是不行的。公民社会的各种制度化活动所赖以依据的法理空间，本身即离不开国家的建构。日本生协及其活动能够存在，离不开有关秩序、规则和社会控制的各种机制。这种经验是国家在制度上尤其是通过立法的方式，相对放宽管制或者适当鼓励公民去自发成立自己的社会组织，自己去寻找实现健康而高品质生活的有效途径。

因此，食品安全治理的理想模式并不是要取消政府的干预或者抵制市场，而是寻求在政府、市场与社会之间建立某种良性互动的均衡关系。这种理想模式的理念，与科学发展观、和谐社会和新型现代性中的社会治理和善治理念是相一致的。诚如郑杭生先生所指出的："任何和谐社会都不可能自动到来，它凭借的只能是对社会治理，特别是善治的不断尝试和努力，而由国家力量和社会力量、公共部门与私人部门、政府、社会组织与公民共同治理一个社会，同样是对现阶段构建和谐社会所作出的最佳尝试性选择。"①食品安全显然是建构和谐社会的一个基础性方面，食品安全治理构成了一般社会治理的重要部分。在国家全能主义的监管模式下，公民社会成为了食品安全治理的主体中可选可不选的力量。而在社会协同共识模式下，公民社会却成为不可或缺的主体力量之一。

这便是我们在本篇研究的一开始便指出的，我们在当前政府主导的食品安全治理模式下，所要探索的另一种可能性，即不仅只是依赖于国家来操办民众的大事小事，而是凭借民众自己组织起来，在政府的支持和引导下，通过合作与自主的方式和途径来治理自己的问题。公民社会公民社会因为以社会组织或民间力量来促进我国公民社会的发展，将一种具有中国特色的公民社会作为食品安全治理体系中的制度化力量，是完善我国当前的食品安全治理状况所可供选择的理想道路之一。

---

① 郑杭生. 减缩代价与增促进步: 社会学及其深层理念 [M]. 北京: 北京师范大学出版社, 2007: 386.

参考文献

A. 普通图书

[1] 埃利亚斯. 个体的社会 [M]. 翟三江, 陆兴华译. 南京: 译林出版社, 2003.

[2] 鲍曼. 被围困的社会 [M]. 郇建立译. 南京: 江苏人民出版社, 2005.

[3] 贝克. 风险社会 [M]. 何博闻译. 南京: 译林出版社, 2004.

[4] 波兰尼. 大转型: 我们时代的政治与经济起源 [M]. 冯钢译. 杭州: 浙江人民出版社, 2007.

[5] 布洛维. 公共社会学 [M]. 沈原等译. 北京: 社会科学文献出版社, 2007.

[6] 邓正来. 公民社会公民社会理论的研究 [M]. 北京: 中国政法大学出版社, 2002.

[7] 邓正来等主编. 国家与公民社会公民社会 [M]. 北京: 中央编译局出版社, 1998.

[8] 邓正来, 杰弗里·亚历山大. 国家与公民社会公民社会——社会理论的研究路径 (增订版) [M]. 上海: 上海人民出版社, 2006.

[9] 符平. 市场的社会逻辑 [M]. 上海: 上海三联书店, 2013.

[10] 高柏. 经济意识形态与日本产业政策 [M]. 安佳译. 上海: 上海人民出版社, 2008.

[11] 吉登斯. 现代性与自我认同 [M]. 赵旭东, 方文译. 北京: 三联书店, 1998.

[12] 康德著作全集 (第8卷) [M]. 李秋零译. 北京: 中国人民大学出版社, 2010.

[13] 詹承豫. 食品安全监管中的博弈与协调 [M]. 北京: 中国社会出版社, 2009.

[14] 内斯特尔. 食品安全: 令人震惊的食品行业真相 [M]. 程池等译. 北京: 社会科学文献出版社, 2004.

[15] 秦富等. 欧美食品安全体系研究 [M]. 北京: 中国农业出版社, 2003.

[16] 沈原. 市场、阶级与社会 [M]. 北京: 社会科学文献出版社, 2007.

[17] 孙立平. 社会转型与社会现代化 [M]. 北京: 北京大学出版社, 2005.

[18] 吴永宁. 现代食品安全科学 [M]. 北京: 化学工业出版社, 2003.

[19] 钟耀广. 食品安全学 [M]. 北京: 化学工业出版社, 2005.

[20] 库尔铂. 纯粹现代性批判 [M]. 藏佩洪译. 北京: 商务印书馆, 2004.

[21] 郑杭生. 减缩代价与增促进步: 社会学及其深层理念 [M]. 北京: 北京师范

大学出版社, 2007.

[22] 郑杭生, 杨敏. 社会互构论: 世界眼光下的中国特色社会学理论的新探索 [M]. 北京: 中国人民大学出版社, 2010.

[23] 王世平. 食品安全检测技术 [M]. 北京: 中国农业大学出版社, 2009.

[24] 王贵松. 日本食品安全法研究 [M]. 北京: 中国民主法制出版社, 2009.

[25] 乌斯怀特, 雷. 大转型的社会理论 [M]. 吕鹏等译. 北京: 北京大学出版社, 2011.

[26] 韦伯. 论经济与社会中的法律 [M]. 张乃根译. 北京: 中国大百科全书出版社, 1998.

[27] 彭华民主编. 消费社会学 [M]. 天津: 南开大学出版社, 1996.

[28] 杜汉. 行动者的归来 [M] 舒诗伟, 许甘霖, 蔡宜刚译. 台北: 麦田出版社, 2002.

[29] 张维迎. 市场的逻辑 [M]. 北京: 北京大学出版社, 2010.

[30] 张涛. 食品安全法律规制研究 [M]. 厦门: 厦门大学出版社, 2006.

[31] 杨洁彬, 王晶. 食品安全性 [M]. 北京: 中国轻工业出版社, 1999.

[32] 中华人民共和国食品卫生法 [M]. 北京: 法律出版社, 1995.

[33] 丹尼尔·斯皮尔伯. 管制与市场 [M]. 余晖等译. 上海: 上海三联书店, 1999.

[34] 斯蒂芬·戈德史密斯, 威廉·D. 埃格斯. 网络化治理: 公共部门的新形态 [M]. 孙迎春译. 北京: 北京大学出版社, 2008.

[35] 邹谠. 二十世纪中国政治——从宏观历史与微观行动的角度看 [M]. 伦敦: 牛津大学出版社, 1994.

[36] 玛丽恩·内斯特尔. 食品安全 [M]. 程池, 黄宁彤译. 北京: 社会科学文献出版社, 2004.

[37] 汤敏, 茅于轼. 现代经济学前沿专题: 第三集 [M]. 北京: 商务印书馆, 2000.

[38] 哈贝马斯. 公共领域的结构转型 [M]. 曹卫东等译. 上海: 学林出版社, 1999.

[39] 韩俊. 2007中国食品安全报告 [M]. 北京: 社会科学文献出版社, 2007.

[40] 刘海俊. 公司的社会责任 [M]. 北京: 法律出版社, 1999.

[41] 王辉霞. 食品安全多元智力法律机制研究 [M]. 北京: 知识产权出版社, 2012.

[42] 葛兰西. 狱中札记 [M]. 北京: 人民出版社, 1983.

[43] 马克思恩格斯全集(第3卷) [M]. 北京: 人民出版社, 2002.

[44] 罗伯特·门切斯. 市场、群氓和暴乱: 对群体狂热的现代观点 [M]. 上海: 上海财经大学出版社, 2006.

［45］马庆珏. 中国非政府组织发展与管理［M］. 北京: 国家行政学院出版社, 2007.

［46］张和清, 杨锡聪. 社区为本的整合社会工作实践——理论、实务与绿耕经验［M］. 北京: 社会科学文献出版社, 2016: 3, 7, 10.

［47］［日］古桑实. 协同组合運動への証言［M］. 東京: 日本経済評論社, 1982.

［48］［日］成瀬治. 近代公民社会公民社会の成立——社会思想史的考察［M］. 東京: 東京大学出版会, 1984.

［49］［日］伊東勇夫. 現代に生かす協同のことば［M］. 東京: 家の光協会, 1985.

［50］［日］川野重任. 新版协同組合事典［M］. 東京: 家の光協会, 1986.

［51］［日］猪口孝三. 国家与社会: 宏观政治学［M］. 高増杰译. 北京: 経済日报出版社, 1989.

［52］［日］社会科学辞典編集委員会. 社会科学総合辞典［M］. 東京: 新日本出版社, 1992.

［53］［日］森冈清美. 新社会学辞典［M］. 東京: 有斐閣, 1993.

［54］［日］大窪一志. 日本型生协の組織像［M］. 東京: コープ出版, 1994.

［55］［日］平田清明. 公民社会公民社会思想の古典と現代［M］. 東京: 有斐閣, 1996.

［56］［日］广松涉. 岩波哲学・思想事典［M］. 東京: 岩波書店, 1998.

［57］［日］田中秀樹. 消費者の生协からの転換［M］. 東京: 日本経済評論社, 1998.

［58］［日］河野直践. 産消混合型協同組合［M］. 東京: 日本経済評論社, 1998.

［59］［日］川口清史, 富沢賢治. 福祉社会と非営利・協同セクター［M］. 東京: 日本経済評論社, 1999.

［60］［日］宮本憲. 日本社会の可能性［M］. 東京: 岩波書店, 2000.

［61］［日］石見尚. 第四世代の協同組合論［M］. 東京: 論創社, 2002.

［62］［日］日本生活協同組合連合会. 現代日本生协運動史 (上・下卷)［M］. 東京: 日本生活協同組合連合会出版部, 2002.

［63］［日］太田原高昭, 中嶋信. 協同組合運動のエトス［M］. 札幌: 北海道協同組合通信社, 2003.

［64］［日］中村陽一. 21世紀コープ研究センター. 21世紀型生协論——生协インフラの社会的活用とその未来［M］. 東京: 日本評論社, 2004.

［65］［日］山口定, 中島茂樹, 松葉正文, 小関素明. 現代国家と公民社会公民社会——21世紀の公共性を求めて［M］. 京都: ミネルヴァ書房, 2005.

［66］［日］河野直践. 新协同活動の时代［M］. 東京: 家の光协会, 2007.

[67] [日] 鈴木俊彦. 生協組合再生の時代 [M]. 東京: 農林統計出版, 2008.

[68] [日] 小林良彰, 中谷美穂, 金宗郁. 地方分権時代の公民社会公民社会 [M]. 東京: 慶応義塾大学出版会, 2008.

[69] [日] 田代洋一. 農業·協同·公共性 [M]. 筑波: 筑波書房, 2008.

[70] [日] 北川太一. 新時代の地域協同組合 [M]. 東京: 家の光协会, 2008.

[71] [日] 日本生活協同組合連合会. 生協ハンドブック [M]. 東京: 日本生活協同組合連合会出版部, 2009.

[72] Dreyer, M. and O. Renn (eds.). Food Safety Governance: Integrating Science, Precaution and Public Involvement [M]. Heidelberg: Springer, 2009.

[73] Fsanz. Food Industry Recall Protocol [M]. Food Standards Australia New Zealand, 2002.

[74] Wright Mills. The Sociological Imagination [M]. New York: Oxford University Press, 1959/2000.

B. 论文集

[1] 双喜. 日本食品安全管理的体制与制度的变迁 [C]. 中国绿色食品发展论坛论文集.

[2] 王贵松. 论日本的食品安全委员会, 载于宋华琳, 傅蔚冈主编. 规制研究 (第2辑) [M]. 上海: 格致出版社, 上海人民出版社, 2009.

D. 学位论文

[1] 胡秀萍. 政府改革与完善食品安全监管体系的探讨 [D]. 上海: 上海交通大学硕士论文, 2006

[2] 焦丽敏. 我国食品安全监管体制的困境与出路研究 [D]. 西安: 西北大学硕士论文, 2008.

[3] 臧立新. 我国食品安全监管问题及其对策研究 [D]. 长春: 吉林大学博士论文, 2009.

[4] 张涛. 食品安全法律规制研究 [D]. 重庆: 西南政法大学博士论文, 2005.

[5] 周峰. 基于食品安全的政府规制与农户生产行为研究 [D]. 南京: 南京工业大学博士论文, 2008.

[6] 周锦锋. 我国食品安全危机预防管理现状与对策分析 [D]. 上海: 上海交通大学硕士论文, 2007.

[7] 叶卫华. 全球负外部性的治理: 大国合作——以应对全球气候变化为例 [D].

江西财经大学博士论文, 2010.

[8]刘为军. 中国食品安全控制研究[D]. 西北农林科技大学博士论文, 2006.

[9]陈霄雪. 论《南方周末》食品安全报道的新闻框架[D]. 南京大学硕士论文, 2013.

[10]汤金宝. 食品安全管制中公众参与现状的调查分析[D]. 南京航空航天大学硕士论文. 2010.

[11]董磊. 当代中国公民社会公民社会发展探析[D]. 陕西师范大学硕士论文, 2005.

[12]李娇. 食品安全视角下的社区支持农业(CSA)发展对策探析[MA], 2017年烟台大学专业学位硕士论文.

G. 期刊中析出的文献

[1]安洁, 杨锐. 日本食品安全技术法规和标准现状研究[J]. 中国标准化, 2007(12).

[2]曹春燕等. 协同组合——日本型合作社的语源溯源与发展类型分析[J]. 青岛农业大学学报(社会科学版), 2008(9).

[3]陈君石. 食品安全——中国的重大公共卫生问题[J]. 中华流行病学杂志, 2003(8).

[4]陈兴乐. 从阜阳奶粉事件分析我国食品安全监管体制[J]. 中国公共卫生, 2004(10).

[5]陈秀武. 论大正时代的新中产阶层[J]. 日本问题研究, 2002(2).

[6]程启智等. 食品安全卫生社会性规制变迁的特征分析[J]. 山西财经大学学报, 2004(6).

[7]崔卫东. 完善农产品质量安全法制体系的探讨[J]. 农业经济问题, 2005(1).

[8]杜伟, 唐丽霞. 析日本新中产阶级的形成与社会影响[J]. 贵州师范大学学报(社会科学版), 2004(3).

[9]范小建. 中国农产品质量安全的总体状况[J]. 农业质量标准, 2003(1).

[10]冯章锁. 日本生协的商品购销形式[J]. 中国供销合作经济, 1997(01).

[11]韩忠伟, 李玉基. 从分段监管转向行政权衡平监管——我国食品安全监管模式的构建[J]. 求索, 2010(6).

[12]昊天. 现代日本农协[J]. 现代农业, 2003(2).

[13]衡志诚. 食品安全: 龙多缘何难治水[J]. 经济纵横, 2003(7).

[14]胡澎. 家庭主妇: 推动日本社会变革的重要力量[J]. 东亚视野, 2008(12).

[15]胡澎. 日本社会变革中的"生活者运动"[J]. 日本学刊, 2008(4).

[16] 江晓波. 浅论完善我国食品安全法律体系 [J]. 中国社会导刊, 2007 (11).

[17] 蒋抒博. 我国食品安全管制体系存在的问题及对策 [J]. 经济纵横, 2008 (11).

[18] 金发忠. 关于我国农产品检测体系的建设与发展 [J]. 农业经济问题, 2004 (1).

[19] 孔庆演. 考察日本生协、农协的观感 [J]. 商业经济与管理, 1985 (02).

[20] 李怀. 发达国家食品安全监管体制及其对我国的启示 [J]. 东北财经大学学报, 2005 (1).

[21] 李怀, 赵万里. 发达国家食品安全监管的特征及其经验借鉴 [J]. 河北经贸大学学报, 2008 (6).

[22] 李猛. 理性化及其传统: 对韦伯的中国观察 [J]. 社会学研究, 2010 (5).

[23] 李新生. 食品安全与中国安全食品的发展现状 [J]. 食品科学, 2003 (8).

[24] 李瑜青, 刘根华. 日本的民间组织 [J]. 社会, 2002 (12).

[25] 李培林. 转型背景下的社会体制变革 [J]. 求是, 2013 (15).

[26] 李应仁, 曾一本. 美国的食品安全体系 [J]. 世界农业. 2001 (3-4).

[27] 梁小萌. 对外贸易中的视频安全问题及政府规制 [J]. 探索, 2003 (6).

[28] 林闽钢等. 中国转型期食品安全问题的政府规制研究 [J]. 中国行政管理, 2008 (10).

[29] 刘畅. 从警察权介入的实体法规制转向自主规制 [J]. 求索, 2010 (2).

[30] 刘俊华, 王菁. 我国食品安全监督管理体系建设研究 [J]. 世界标准化与质量管理, 2003 (5).

[31] 吕方. 新公共性——食品安全作为一个社会学议题 [J]. 东北大学学报 (社会科学版), 2010 (2).

[32] 苏方宁. 发达国家食品安全监管体系概观及其启示 [J]. 农业质量标准, 2006 (6).

[33] 施用海. 日趋严格的日本食品安全管理 [J]. 对外经贸实践, 2010 (2).

[34] 孙杭生. 日本的食品安全监管体系与制度 [J]. 农业经济, 2006 (06).

[35] 索珊珊. 食品安全与政府 "信息桥" 角色的扮演 [J]. 南京社会科学, 2004 (11).

[36] 王铁军, 张新平. 食品安全国家控制模式的浅析 [J]. 中国食品卫生杂志, 2005. 17 (3).

[37] 王宇. 食品安全事件的媒体呈现: 现状、问题及对策 [J]. 现代传播, 2010 (4).

[38] 王兆华, 雷家啸. 主要发达国家食品安全监管体系研究 [J]. 中国软科学,

2004（7）.

[39] 王新生. 现代公共领域: 公民社会公民社会的次生性层级［M］. 教学与研究 ［J］. 2007（5）.

[40] 魏益民等. 澳大利亚、新西兰食品召回体系及其借鉴［J］. 中国食物与营养, 2005（4）.

[41] 谢敏, 于永达. 我国食品安全共同管理的市场基础分析［J］. 科技进步与对 策, 2003（12）.

[42] 徐晓新. 中国食品安全: 问题、成因、对策［J］. 农业经济问题, 2002（10）.

[43] 杨辉. 我国食品安全法律体系的现状与完善［J］. 农场经济管理, 2006（1）.

[44] 杨天和, 褚保金. 食品安全管理研究［J］. 食品科学, 2004（9）.

[45] 叶军, 杨川, 丁雪梅. 日本食品安全风险管理体制及启示［J］. 农村经济, 2009（10）.

[46] 于冷. 国内外农工业标准化发展概况［J］. 中国标准化, 2000（3）.

[47] 袁玉伟等. 食品标识制度与食品安全控制［J］. 食品科技, 2004（7）.

[48] 张吉国等. 我国农产品质量管理的标准化问题研究［J］. 农业现代化, 2002 （5）.

[49] 张永建等. 建立和完善我国食品安全保障体系研究［J］. 中国工业经济, 2005 （2）.

[50] 张月义, 韩之俊, 季任天. 发达国家食品安全监管体系概述［J］. 安徽农业科 学. 2007 （34）.

[51] 张云华, 马九杰, 孔祥智等. 农户采用无公害和绿色农药行为的影响因素分 析——对山西、陕西和山东15县市的实证分析［J］. 中国农村经济, 2004（1）.

[52] 赵林度. 功能食品安全营销控制策略研究［J］. 食品科学, 2005（9）.

[53] 郑丰杰. 我国食品安全现状及其对策［J］. 黄冈师范学院学报, 2006（12）.

[54] 郑风田. 从食物安全体系到食品安全体系的调整——中国食物生产体系面 临战略性转变［J］. 财经研究, 2003（2）.

[55] 周德翼, 杨海娟. 食品质量安全管理中的信息不对称与政府监管机制［J］. 中国农村经济, 2002（6）.

[56] 周洁红等. 食品安全特性与政府支持体系［J］. 中国食物与营养, 2003（9）.

[57] 周学荣. 浅析食品卫生安全的政府管制［J］. 湖北大学学报（社会科学版）, 2004（5）.

[58] 朱京伟. 竭诚为大学生服务——日本的"生协"［J］. 世界知识, 1988（4）.

[59] 左京生. 实行目录准入制度提高食品安全控制力［J］. 中国工商管理研究, 2005（8）.

[60] 郑杭生. 社会学视野中的社会建设与社会管理[J]. 中国人民大学学报, 2006(2).

[61] 郭树清. 中国市场经济中的政府作用[J]. 改革, 1999(3).

[62] 何增科. 公民社会公民社会概念的历史演变[J]. 中国社会科学, 1994(5).

[63] 牛涛. 从"强国家弱社会"到"强国家强社会"[J]. 湖北行政学院学报, 2008(4).

[64] 曾正滋. 公共行政中的治理——公共治理的概念厘析[J]. 重庆社会科学, 2006(8).

[65] 刘金凤. 论新闻媒体的"喉舌"与舆论监督作用[J]. 齐齐哈尔大学学报(哲学社会科学版), 2011(5).

[66] 余红燕. 突发事件新闻应急的路径选择及其行政逻辑——基于温州的实证分析[J]. 黄冈师范学院学报, 2011(4).

[67] 陈玉林, 马丽. 中国公民社会的兴起与社会建设[J]. 前沿, 2008(9).

[68] 何增科. 论改革完善我国社会管理体制的必要性和意义[J]. 毛泽东邓小平理论研究, 2007(8).

[69] 王锡锌. 利益组织化、公众参与和个体全力保障[J]. 东方法学, 2008(4).

[70] 任国元, 葛永元. 农村合作经济组织在农产品质量安全中的作用机制分析——以浙江省嘉兴市为例[J]. 农业经济问题, 2008(9)

[71] 丁锁, 臧宏伟. 农民合作社发展绿色食品产业的现状调查与思考——以山东省烟台市为例[J]. 农业科技管理, 2017(4).

[72] 郅正鸿, 魏顺泽. 种植专业合作社纵向一体化精英对农产品质量安全的影响——基于四川甘阿地区的调研[J]. 安徽农业科学, 2017(23).

[73] 张梅, 郭翔宇. 食品质量安全中农业合作社的作用分析[J]. 东北农业大学学报(社会科学版), 2011(2).

[74] 陈艾, 李雪萍. 脆弱性—抗逆力: 连片特困地区的可持续生计分析[J]. 社会主义研究, 2015(2).

[75] 芦恒, 芮东根. "抗逆力"与"公共性": 乡村振兴的双重动力与衰退地域重建[J]. 中国农业大学学报(社会科学版), 2019(1).

[76] 许惠娇, 贺聪志, 叶敬忠. "去小农化"与"再小农化"——重思食品安全问题[J]. 农业经济问题, 2017(8).

[77] 袁祥祥. "双重运动"与复杂社会中的自由——读卡尔波兰尼的《巨变》[J]. 社会发展研究, 2014(3).

[78] 邓大才. 社会化小农: 动机与行为[J]. 华中师范大学学报(人文社会科学版), 2006(5).

[79] 江苏省盐城市响水县兴旺小杂粮农民专业合作社入了社都说好[J]. 中国农民合作社, 2018(1).

[80] 何雪松. 城乡社会学: 观察中国社会转向的一个视角[J]. 南京社会科学, 2019(1).

[81] 田毅鹏. 地域社会学: 何以可能? 何以可为? ——以战后日本城乡"过密—过疏"问题研究为中心[J]. 社会学研究, 2012(5).

[82] 陆继霞. 替代性食物体系的特征与发展困境——以社区支持农业和巢状市场为例[J]. 贵州社会科学, 2016(4).

[83] 曹磊, 覃梦妮, 张莉侠, 周洲, 高慧琛. 日本提携运动的做法对乡村振兴战略下中国社区支持农业的启示[J]. 上海农业学报, 2019(2).

[84] 石嫣, 程存旺, 雷鹏, 朱艺, 贾阳, 温铁军. 生态型都市农业发展与城市中等收入群体兴起相关性分析——基于"小毛驴民众农园"社区支持农业(CSA)运作的参与式研究[J]. 贵州社会科学, 2011(2).

[85] 郭占锋, 李琳. 索罗金关于城乡社会学的研究及其对中国的启示[J]. 中国农业大学学报(社会科学版), 2018(4).

[86] 程存旺, 周华东, 石嫣, 温铁军. 多元主体参与、生态农产品与信任——"小毛驴民众农园"参与式实验报告分析报告[J]. 兰州学刊, 2011(12).

[87] 田毅鹏, 夏可恒. 作为发展参照系的东亚——"东亚模式"研究40年[J]. 学术研究, 2018(10).

[88] 付会洋, 叶敬忠. 兴起与围困: 社区支持农业的本土化发展[J]. 中国农村经济, 2015(6).

[89] 田毅鹏. 20世纪下半叶日本的"过疏对策"与地域协调发展[J]. 当代亚太, 2006(10).

[90] 刘轩. 明治维新时期日本近代国家转型的契约性[J]. 世界历史, 2018(6).

[91] 黄宗智. 集权的简约治理——中国以准官员和纠纷解决为主的半正式基层行政[J]. 开放时代, 2008(2).

[92] 黄宗智. 重新思考"第三领域": 中国古今国家与社会的二元合一[J]. 开放时代, 2019(3).

[93] George A. Akerlof. The Market for "Lemons": Quality Uncertainty and the Market Mechanism. Quarterly Journal of Economic, 1970(5).

[94] Grossman, S. J. The Information Role of Warranties and Private Disclosure about Product Quality. Journal of Law and Economics, 1981(24).

[95] Vetter, H. Etc. Integration and Public Monitoring in Credence Goods. European Review of Agricultural Economics, 2002, 29(2).

［96］Shapiro, C. Premiums for High Quality Products as Returns to Reputations. Quarterly Journal of Economics, 1983（98）.

H. 报纸中析出的文献

［1］八部委联手食品安全监管风暴［N］. 二十一世纪经济报道, 2004-5-17.

［2］俞可平. 公民参与的几个理论问题［N］. 学习时报, 2006-12-19.

［3］廖海金. 保障食品安全需要社会协同共治［N］. 中国医药报, 2013-06-17-003.

I. 电子文献

［1］鼓岩国、小张瑞宜. 从《厨房看天下》读书心得［OL］. http://sctnet. edu. tw/Download/dlProfile. php? dlFile_id=BgddCCaCBa20071030195134119374509 4. doc.

［2］［日］横田克己. 日本生活俱乐部合作社［OL］. 翁秀绫编译. http://bbs. nsysu. edu. tw/txtVersion/treasure/mpa/M. 855789184. Q/M. 870060666. A/M. 870060770. B. html.

［3］［日］横田克己. 日本神奈川生活俱乐部的发展史［OL］. 翁秀绫编译. http://bbs. nsysu. edu. tw/txtVersion/treasure/mpa/M. 855789184. Q/M. 870060666. A/M. 870060771. A. html.

［4］［日］横田克己. 日本消费合作社连和会（日生协）简介［OL］. 翁秀绫编译. http://bbs. nsysu. edu. tw/txtVersion/treasure/mpa/M. 855789184. Q/M. 870060666. A/M. 870060770. A. html.

［5］毒水饺为节假日生产 日本将查所有中国食品［OL］. http://www. stnn. cc/pacific_asia/200802/t20080209_728959. html

［6］三鹿奶粉系列案［OL］. http://www. chinacourt. org/zhuanti/article_list. php? sjt_id=429&kind_id=6

［7］生活俱乐部简介［OL］. http://www. seikatsuclub. coop/chinese/chainese_seikatsuclub20070918. pdf

［8］中国共产党第十六届中央委员会第六次全体会议公报［OL］. http://politics. people. com. cn/GB/1026/4907283. html.

［9］中华人民共和国食品安全法［OL］. http://www. gov. cn/flfg/2009-02/28/content_1246367. htm.

［10］中国消费者协会简介［OL］http://www. cca. org. cn/web/zlk/newsShow. jsp? id=4208